Internet Retailer Ability (Level1) | 改訂2版 |

ネットショップ 公式テキスト 検定

一般財団法人
ネットショップ能力認定機構 著

ネット
ショップ
実務士
レベル1対応

日本能率協会マネジメントセンター

本書の内容に関するお問い合わせについて

　平素は日本能率協会マネジメントセンターの書籍をご利用いただき、ありがとうございます。

　弊社では、皆様からのお問い合わせへ適切に対応させていただくため、以下①〜④のようにご案内しております。

---

①お問い合わせ前のご案内について

　現在刊行している書籍において、すでに判明している追加・訂正情報を、弊社の下記 Web サイトでご案内しておりますのでご確認ください。

https://www.jmam.co.jp/pub/additional/

②ご質問いただく方法について

　①をご覧いただきましても解決しなかった場合には、お手数ですが弊社 Web サイトの「お問い合わせフォーム」をご利用ください。ご利用の際はメールアドレスが必要となります。

https://www.jmam.co.jp/inquiry/form.php

　なお、インターネットをご利用ではない場合は、郵便にて下記の宛先までお問い合わせください。電話、FAX でのご質問はお受けしておりません。

〈住所〉　〒103-6009　東京都中央区日本橋 2-7-1　東京日本橋タワー 9F
〈宛先〉　㈱日本能率協会マネジメントセンター　ラーニングパブリッシング本部　出版部

③回答について

　回答は、ご質問いただいた方法によってご返事申し上げます。ご質問の内容によっては弊社での検証や、さらに外部へ問い合わせすることがございますので、その場合にはお時間をいただきます。

④ご質問の内容について

　おそれいりますが、本書の内容に無関係あるいは内容を超えた事柄、お尋ねの際に記述箇所を特定されないもの、読者固有の環境に起因する問題などのご質問にはお答えできません。資格・検定そのものや試験制度等に関する情報は、各運営団体へお問い合わせください。

　また、著者・出版社のいずれも、本書のご利用に対して何らかの保証をするものではなく、本書をお使いの結果について責任を負いかねます。予めご了承ください。

はじめに

　ネットショップ能力認定機構は、EC業界を人材面で支えるため、2010年4月27日に設立された一般財団法人です。当機構は、EC業界で働くために必要な能力を「知識」「スキル」「経験」で評価し、その職種と職位ごとに「ネットショップ実務士」として認定しています。

　EC業界は、インターネットの発展に伴い、流通業やサービス業等、消費者を顧客とする、あらゆる業種の積極的な参入によって拡大を続けてきました。さらに、一人一台を手にするスマートフォンの急速な普及と、新型コロナウイルス感染症拡大の影響を機に、非接触・非対面のニーズが高まると、キャッシュレス決済サービスやネットショッピングの利用が増え、コロナ禍における消費者のデジタルシフトが加速しました。こうした社会変化を背景に、大企業から個人事業主に至るまで、インターネットを通じて商品やサービスを提供し、収益を上げることが一般的なビジネスモデルとなり、EC業界は巨大市場へと成長しました。

　EC市場の拡大と先端技術の発展に伴い、ネットショップ運営には実にさまざまな知識とスキルが求められます。マーケティング、プロモーション、Web制作、SNS運用、マネジメント、顧客対応、発送業務等々。これらを分業せずに、少数の人材が効率良く業務をこなし、場合によってはたった一人で運営するケースも少なくありません。

　公式テキストとして発行する本書は、EC業界未経験の就労希望者やネットショップ運営の基本的な仕事を知りたい、学びたい人向けに、ネットショップ運営に必要なあらゆる業務と能力の全体像を体系的に解説したものです。基本を網羅して学びたい方、これまでの業務経験や知識を整理し、どのようなスキルが身についているのかをご自身で把握したい方に手に取っていただければ幸いです。

　当機構は、これからもネットショップ人材の育成を通じて、日本の経済発展に貢献できるよう活動を続けて参ります。
　引き続き、ご支援のほどよろしくお願い申し上げます。

2024年3月
一般財団法人 ネットショップ能力認定機構

ネットショップ検定概要

検定概要

レベル1　一般業務クラス
・基礎知識・ビジネスマナー・一般常識
レベル2　専門業務クラス
・専門知識・ケーススタディ

レベル1合格基準

70％以上の正答率。

合格評価カテゴリごとに、50％以上の正答率。

レベル2合格基準

70％以上の正答率。

合格評価カテゴリごとに、50％以上の正答率。

※検定の詳細は下記のホームページをご覧ください。

一般財団法人ネットショップ能力認定機構

https://acir.jp/

※ 現在、ネットショップ能力認定機構は、シラバスの提供、カリキュラムのご相談を承っております。シラバス・
カリキュラムにご興味がある場合は、下記のメールアドレスにお問い合わせください。
info@acir.jp

本書の特長

・『改訂2版　ネットショップ検定公式テキスト』は、ネットショップ検定の合格を目指す方が、学びやすいように次のようにまとめています。

・内容は試験範囲に対応した章立てとなっており、体系的に学習できます。

章番号＋節番号、タイトル

学習項目のタイトル部分です。
本文を読む前に必ず目を通しましょう。
学ぶテーマを明確にすることで、内容が頭に定着しやすくなります。

ナビゲーション

各章番号と章タイトルを示しています。
出題範囲の勉強に役立ちます。学習箇所を探す際に効果的にお使いいただけます。

見出し

学習内容のパートを示します。
タイトルと同様、書かれている内容をしっかり把握しましょう。

本文

ネットショップ検定で出題される内容が記載されています。また、図や表などでポイントはわかりやすく整理されています。

脇注

本文で説明された用語や事例の解説、最新・補足情報などを掲載しています。

3-1　電子商取引の定義

● 電子商取引とは

商取引とは「経済主体間での財の商業的移転に関わる、受発注者間の物品、サービス、情報、金銭の交換」である。従来の商取引は、店舗や事務所を通じて行われてきたが、最近はインターネット等のコンピュータ・ネットワークを通じて商取引を行うケースが増えている。これを電子商取引（Electronic Commerce、EC、eコマース、Electronic Trading）という。電子商取引とは、コンピュータ・ネットワークによる商取引のことを指す。

OECD（経済協力開発機構）では、電子商取引を「広義」と「狭義」に分けて、次のように明確に定義している。

● 広義の電子商取引とは

企業、家庭、個人、政府、その他の公的・私的組織間を問わずコンピュータを媒体としたネットワーク上で行われる「財・サービス」の販売または購入のことを電子商取引といい、このすべての電子商取引を広義の電子商取引という。

財やサービスは、ネットワーク経由で受発注される必要があるが、決済や配送については、オフラインでも構わない。

TCP/IPを利用した公衆回線上のインターネット、エクストラネット、インターネットVPN、IP-VPN、さらにはTCP/IPを利用していない従来型EDI（例、VANや専用線等）を使ったネットワーク等、あらゆるオンライン・アプリケーションによる受発注が当てはまる。

● 狭義の電子商取引とは

インターネットでは、共通言語（プロトコル）としてTCP/IPが使われている。広義の電子商取引のうち、公衆回線上のインターネット、エクストラネット、インターネットVPN、IP-VPN等、TCP/IPプロトコルを利用した技術を使って受発注を行うものが、狭義の電子商取引である。

このように電子商取引とは、広義、狭義ともにコンピュータ・ネットワーク上で「受発注」が行われることを要件としており、「受発注前」の製品情報入手や見積り、あるいは「受発注後」の決済や納品等については、オフラインでも構わないと定義されている。

OECD
OECD（経済協力開発機構）はヨーロッパ諸国を中心に日・米を含め38か国の先進国が加盟する国際機関。国際マクロ経済動向、貿易、開発援助といった分野の分析・検討を行っている。

オフライン
ネットワークにつながっていない状態のこと。ここでは、コンピュータ・ネットワークを活用しないユーザー向けサービスを「オフライン」のサービスと呼んでいる。

TCP/IP
Transmission Control Protocol/ Internet Protocolの略で、インターネットで使用される世界標準のコンピュータ言語である。コンピュータ間の通信をつかさどる言語が世界で共通化されることにより、オープンなコンピュータネットワークとしてインターネットが世界に広がり、そのネットワーク上でさまざまなサービスが提供されるようになった。

エクストラネット
複数の企業間でイントラネットを相互接続したネットワークのこと。

インターネットVPN
インターネットを経由して構築される仮想的なプライベートネットワーク（VPN）のこと。

IP-VPN
通信事業者の保有する広域IP通信網を経由して構築される仮想私設通信網（VPN）のこと。

24

目次

目次

1章

ネットショップの
ビジネス環境

1-1 ネットショップのビジネス環境を知る

● 国内インターネットメディア

インターネットメディアは、消費者に大きな影響を与える主要なメディアとなった。ネットショップを運営、発展させるためには、このメディアの動向を把握し、今後の展開を予測して業務にあたる必要がある。

■インターネットメディアの分類

インターネットメディアとは、インターネット上で配信される情報やコンテンツを扱うメディアのことで新聞や雑誌などの従来のマスメディアとは異なり、インターネットを介して、誰でも簡単に情報を発信・閲覧できる。本書では、ニュースメディア、ブログやSNS、専門メディアの三つに分けて紹介する。

Yahoo!ニュースやLINE NEWS、日経電子版、朝日新聞デジタルなどのニュースメディアは、最新のニュースや時事情報を提供するメディアでテレビや新聞などの従来のマスメディアと同様、国内外のニュースや政治、経済、社会、文化など、幅広いジャンルの情報を扱っている。

LINE、アメブロ、はてなブログ、X（旧Twitter）、InstagramなどのブログやSNSは、個人や団体が運営するメディアで日常生活や趣味、仕事など、あらゆるテーマについて、自由に情報を発信できる。旬な情報、生の声を入手しやすいメディアである一方、情報の信憑性については留意する必要がある。

ITmedia、ダイヤモンド・オンライン、日経ビジネスオンラインなどは、特定の分野に関する情報を専門的に扱っている専門メディアである。IT、ビジネス、金融、エンタメ、スポーツなど、さまざまな分野の専門メディアがある。

■インターネットメディアの今後の展望

インターネットメディアの今後の展望の一つにパーソナライゼーションのさらなる強化が考えられる。AI技術の発展は目覚ましく、ユーザーの興味関心に合わせた情報発信やコンテンツレコメンデーションはすでに一般的だが、さらなる精緻化が予測される。ユーザーの情報体験が個々に最適化されていくだろう。

次に考えられるのはインターネットメディアのメタバースとの融合

ソーシャルメディアの種類
ユーザーによって発信された文字、画像、音声、映像などのコンテンツによって形成されるメディアで、ユーザーどうしのつながりを促進するさまざまなサービスによって、コミュニティを形成するものもある。主なソーシャルメディアの種類は以下のとおり。

種類
・ブログ
・SNS（ソーシャルネットワーキングサービス）
・動画共有サイト
・メッセージングアプリ
・情報共有サイト
・ソーシャルブックマーク

だ。メタバース技術の発展によって、バーチャル空間上での情報発信やコミュニケーションが可能になった。より没入感のある情報体験を提供することで、ユーザーの関心をさらに高め、新たなビジネスチャンスを生み出す可能性も高まる。

　また、情報発信という観点では、個人による情報発信がさらに影響力を持つ時代が加速すると考えられる。マイクロインフルエンサーやインフルエンサーマーケティングの発展系など、新たなビジネスモデルが生まれる可能性も高い。しかし、生成AIを悪用したニセの画像や動画など、フェイクコンテンツやフェイクニュースも溢れる中、信頼できる情報源の重要性が高まり、情報の信頼性を担保するような技術も進化していくだろう。

　そして、2030年ごろの導入が見込まれる5Gがさらに高度化した超高速、大容量通信が可能な6G（Beyond 5G）が実用化し、我が国が戦略として打ち出した「Society 5.0」という新たな社会システムが構築されてサイバー空間とフィジカル空間の一体化（CPS：Cyber Physical Systems）が進展すれば、例えば、VRによって、実際の会場を訪れたような感覚で情報提供者によるセミナーに参加できるなど、インターネットメディアによる情報体験の形態は多様化、高度化していくことが予想される。これらの変化に対応していくためには、情報リテラシーやメディアリテラシーの向上も不可欠だ。ユーザー自身が情報の真偽を見極め、適切な情報を取り扱う能力を身につけることが重要になる。

● ネットショップのビジネス環境を知る

　ネットショップのビジネス環境を知るためには、主に3つの方法が挙げられる。

■市場調査
　市場の規模や動向、競合状況などを把握するための調査を行う。
　主に、
・ネットショップ市場の規模と動向
・ネットショップの種類と分布
・ネットショップの顧客層
・ネットショップの競合状況
といった情報を把握する。
　市場調査の具体的な方法として、
・政府統計や民間調査機関の調査結果を利用する
・ネットショップの売上ランキングや口コミを調べる
・競合のネットショップを実際に訪れる
ことが挙げられる。

■ネットショップ関連情報を収集する

　関連情報を収集するには、ネットショップに関する書籍や雑誌を読む、ネットショップに関するセミナーや勉強会に参加する、ネットショップに関するブログやSNSをフォローすることで、ネットショップの最新トレンドや成功事例などを知ることができる。

■実践経験を積む

　ネットショップ運営の実践経験を積むことで、ネットショップのビジネス環境を肌で感じることができる。また、ネットショップの運営をサポートしてくれるコンサルタントやサービスを利用するのも、貴重な経験を積むためのひとつの方法といえる。この他、毎月、ネットショップに関するニュースや記事をチェックする、毎年、ネットショップに関する調査結果をチェックして、市場の変化を把握する、ネットショップ業界で働いている人や、ネットショップの運営に成功している人の話を聞くこともおすすめだ。

　ネットショップのビジネス環境は、常に変化しているため、定期的に情報を収集して、最新の状況を把握することが重要である。

1-2 さまざまなインターネットビジネス

● インターネットを活用したさまざまな経済の仕組み

　インターネットを活用した経済の仕組みは、電子商取引（EC、eコマース）に限ったことではない。これまでは、新聞、雑誌などの紙媒体やテレビ、ラジオなどのマスメディアを通じてのみ「情報」は発信されていたが、インターネットによって、情報発信、情報共有と情報の流通を誰もが容易にできるようになった。これにより、消費者（コンシューマー）の選択肢が拡大するとともに、価値観も多様化している。

　インターネットを活用したマネタイズ、いわゆる収益化の方法という観点では、ネットショップに代表されるEC、広告費、そしてサービスの利用料を徴収する形態がある。

　以下に代表的なものを紹介する。

■シェアリングエコノミー

　シェアリングエコノミーは、道具、場所、時間、さらに人間の能力までも遊休資産ととらえ、貸し借りや売買の対象とするサービス。必要なときに必要なものを共有する経済の仕組みで、資源の有効活用や環境負荷の軽減にもつながるとして、急速に市場を拡大している。所有することが経済的な価値の源泉といえる従来の考え方とは異なり、所有することよりも、利用することの方が価値を生み出すとされている。

民泊サービス：Airbnb
カーシェアリング：Uber

■サブスクリプション

　「定期購読」と日本語訳できるサブスクリプションは、商品やサービスを一定期間利用できる権利に対して、料金を定期的に支払うビジネスモデルでサブスクと略して呼ばれることも多い。

　スマートフォンを一人一台持つ時代になり、スマートフォンでの閲覧やスマートフォンからの利用を前提としたサービスが一般化した。さらに、無線通信における大容量化、高速化、低消費電力化を実現した「5G」の略称で知られる第5世代移動通信システムの国内における商用サービスが2020年に始まってからは一層、ユーザーに受け入れやすくなったため、サブスクリプションはあらゆる分野で普及している。以下に代表的なサブスクリプションサービスを示す。

動画配信サービス：Netflix、Hulu、Amazon Prime Videoなど

一般社団法人シェアリングエコノミー協会
2015年12月に国内におけるシェアリングサービスの普及と業界の健全な発展を目的に、シェアリングエコノミー事業者が集まり発足。

音楽配信サービス：Spotify、Apple Music、Amazon Music Unlimitedなど
ソフトウェア：Microsoft 365、Adobe Creative Cloudなど
衣料品：airCloset、MECHAKARI
食料品：Oisix、nosh、snaq.me
家具：CLAS、flect、無印良品の月額定額サービス

　動画配信や音楽配信などのデジタルコンテンツからカーシェア、ライドシェアなどのサービスまで、消費者にとって利便性が高く、企業にとっても安定的な収益源となるビジネスモデルのため、今後もさらに普及、発展するだろう。

　新しい経済の仕組みや考え方が生まれるなど、インターネットを取り巻く環境は、イノベーションと重大な変化が多様な領域にわたって同時に発生し、経済へも大きな影響を与えている。

● テクノロジーの進展

　生成AIをはじめとする、先端テクノロジーを活用することで、ネットショッピングによる顧客体験価値を向上させることや、ネットショップの運営業務を効率化するなど、EC業界の成長をさらに加速する技術やサービスの利用が拡大している。

■ブロックチェーン
　取引を記録、追跡、管理するための「分散型台帳」とよばれる技術で、データの改ざんが非常に困難、取引の記録を消すことができない、システムダウンが起きない、自律分散システムであるという四つの大きな特徴がある。つまり、仮に不正を働く人や正常に動作しない人がいても、（同一のデータを参加者全員に分散保持させるため）正しい取引ができる仕組みである。したがって、ブロックチェーンのこれらのセキュリティと透明性により、安心で安全な取引をするために次のようなサービスに適用されている。
・ビットコインやイーサリアムなどの仮想通貨
・サプライチェーンにおける製品の移動の追跡
・投票システムの改ざん防止　など

■NFT（Non-Fungible Token）
　日本語では非代替性トークンと訳される。ブロックチェーン技術を用いて、デジタルデータに唯一無二の価値を持たせる仕組みである。ブロックチェーン上で所有権が証明されるため、偽造や改ざんが非常に困難で、デジタルデータの所有権を安全に管理できる。
　デジタルアート作品をNFT化することで、唯一無二の価値を持たせ

たり、音楽作品やゲーム内のアイテムをNFT化することで、音楽やアイテムの所有権を証明したりできるため、音楽作品であればNFT化によってアーティストに直接収益を還元できる。この他、証明書、チケットなど、あらゆるデジタルデータをNFT化できるため、デジタルデータの所有権を証明する手段として、重要な役割を果たしていくと考えられる。

■メタバース

メタバースは、インターネット上に構築された3次元仮想空間のことで、ユーザーはアバターと呼ばれる分身を通して、この仮想空間でさまざまな活動ができる。

メタバースは3次元で構成されており、ユーザーは自分の分身であるアバターを作成して操作し、メタバース内で自由に動き回ることができる。メタバース内では、他のユーザー（アバター）と音声やチャットでコミュニケーションがとれる上、仮想通貨やアイテムなどを用いて経済活動を行うこともできる。メタバースは、ゲームなどのエンターテイメント業界をはじめ、ビジネス、教育など、さまざまな分野での活用が広がるだろう。

■Web3

次世代のインターネットとして提唱されている概念でWeb2.0（と呼ばれる現在のインターネット）における問題を解決し、より公平でオープンなインターネットの実現を目指している。インターネット初期のいわゆるWeb1.0では、インターネットユーザーは静的ページを閲覧するのみだった。その後、Web2.0でインターネットユーザーは双方向にコミュニケーションをとれるようになり、誰でもインターネット上での情報発信とコミュニケーションが可能になった。しかし、インターネットユーザーのこれらの活動はGoogleやMeta、Amazonなどのビッグテックと呼ばれる巨大IT企業がいないと成立しない。データやサービスがビッグテックに集中している構図であり、Web3は、この問題を解決しようとするものである。

具体的には、分散化、つまり中央管理者を介さずに運営されるインターネットでブロックチェーンなどの技術を用いて、データやサービスを分散させることで実現できる。次に非許可性、つまり誰でも自由にアクセス、利用、参加できるインターネットで特定の企業や組織による参入障壁を排除することで実現される。そして、Web3は、トークンと呼ばれるデジタル資産を用いて経済活動を行うインターネットでもある。トークンは、価値の交換やインセンティブの提供などに使用される。

Web2.0への前述の問題提起は重要性を増しており、Web3はインターネットのあり方を大きく変革する可能性を秘めている。

■人工知能（AI）

　人工知能（AI）の急速な発展と普及は私たちの生活や社会に大きな影響を与えている。

　AIの急速な発展と普及の要因として、以下の三つが挙げられる。一つ目はデータからパターンや傾向を学習して、新たな問題を解決する技術「機械学習」と、機械学習の一種である、人間の脳の構造を模したニューラルネットワークを用いることで、人間の知能に近いレベルの成果を上げられる技術「深層学習」の研究が急速に進展しAIの性能が飛躍的に向上したこと。二つ目は、コンピュータの計算性能が向上し、膨大な量のデータ処理が高速化・大規模化できるようになったことで、AIの実用化が進んだこと。三つ目は、高速通信網の整備に伴い、スマートフォンやセンサー、IoT機器などが普及し、ビックデータを大量に収集できるようになったためAIの学習精度をより向上させられることである。

　画像認識や自然言語処理などの技術が実用化され、さまざまな分野でAIが活用されており、今後もさらに発展・普及していくと予想される。

■生成AI

　学習済みのデータをもとに、新たなデータを生み出すことができる人工知能（AI）の一種。テキスト、画像、音声、音楽、動画など、さまざまな種類のデータを生成できる。すでにビジネスでも利用されており、ネットショップにおいてもAIチャットボットによる接客、問合わせ対応文書の自動生成や、広告バナーやキャッチコピーなどのコンテンツ制作、初期サイトデザインの自動化など、これまで人が行っていた仕事内容の全部や一部を簡単に高速でアウトプットできる。今後ますますの技術の発展と活用の広がりが予測される。

■人工知能（AI）とネットショップ

　ネットショッピングにおける顧客体験を向上させる代表的な例としては、AIを活用した商品の推薦が挙げられる。ユーザーの閲覧履歴、購入履歴、商品検索履歴などを分析することで、一人ひとりのライフスタイルや興味、関心に合致した商品情報を画面上で推薦する。ユーザーは「欲しい商品」を探す手間が省け、推薦された商品や情報によって「曖昧だった（欲しい）商品のイメージをもつこと」ができるようになるなど、よりスムーズにネットショッピングができるようになる。

　例として、ファッション通販サイトでは、ユーザーの購入履歴や閲覧履歴から、関連性の高い好みの商品を推薦するサービスを提供している。家電を取り扱うネットショップでは、ユーザーの家族構成やライフスタイルなどの情報に基づく、おすすめの商品を提案するサービスを提供している。

　また、ユーザーの行動分析にAIを活用した例としては、閲覧ページ

ディープラーニング/深層学習（deep learning）
機械学習（machine learning）の手法の一つ。
機械学習とは、人間の学習能力と同様の機能をコンピュータで実現しようとする技術のこと。従来の機械学習は、人間が定義した情報をもとに事象を認識したり、分類したりしていたがディープラーニングは、システム側が、データからどんな情報を特徴として利用すれば、識別できるのかを自動的に学習する。高精度で特徴を認識できるため、画像、人の声などでの実用化が期待されている。

の滞在時間や購入商品、離脱ページなどを分析し、ユーザーのニーズや改善点の発見、購入商品の傾向分析によって、売れ筋商品やトレンドを発見し、ネットショップ運営の改善や業務効率化に役立てることができる。

■仮想現実（VR）・拡張現実（AR）

仮想現実（VR）は、ユーザーを仮想世界に没入させる技術で、VRヘッドセットやゴーグルを装着することで、コンピューターによって生成された仮想世界を体験できる。拡張現実（AR）は、スマートフォンやタブレット、ARグラスなどのデバイスを介して、現実世界に仮想の情報を重ね合わせる技術。

VRやARを活用して顧客にリアルなショッピング体験を提供できる。VRでは、商品の試着や使用体験、ARでは、現実世界に仮想の情報を重ね合わせ、商品をより立体的にとらえることができるため、家具やインテリアなどを自宅に配置してイメージを確認することができる。

AIやVR、ARの他、5Gの普及により、ネットショップでの動画や画像の表示がより高速かつ快適になった。5Gを活用したリアルタイム通信によって、ネットショップと顧客の間でリアルな店舗のようなコミュニケーションを図ることができる。商品の360度ビューや商品説明動画を高画質でわかりやすく表示したり、チャットボットやビデオ通話を導入することで、顧客からの問い合わせやサポートを、よりスムーズに行える。

● インターネット広告の動向

インターネット広告は、いわゆる四大マスメディアを超えて急速に成長し、いまや広告市場におけるトップ市場だ。スマートフォンの普及により、消費者のインターネットの利用時間が大幅に増加したことやデジタル化の進展、データ分析技術の進歩による効果的な広告配信が可能になったことがインターネット広告市場の急速な成長を牽引した。

インターネット広告は、今後も次のような技術の発展と活用によって、成長し続けると予想される。

- データ分析技術の進歩により、個々のユーザーに合わせたより精緻なターゲティングによる広告配信
- スマートスピーカーなどの音声認識デバイスの普及による音声広告の増加
- 人工知能（AI）を活用した広告配信の自動化や最適化が進み、効果的な広告運用
- 5Gの普及に伴う大容量の高速通信が社会基盤となり、動画広告はさらに増加、音声広告も含め、新しい広告フォーマットがさらに普及

2章

小売業の分類と特徴

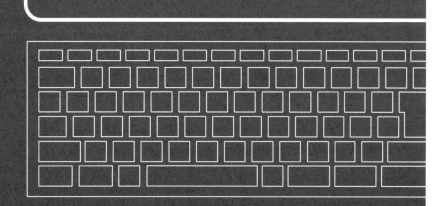

2-1 小売業の分類

● 小売業とは

　日本標準産業分類によると、小売業は下記のように定義されている。
小売業とは、主として次の業務を行う事業所をいう。
　①個人用または家庭用消費のために商品を販売するもの
　②産業用使用者に少量または少額に商品を販売するもの

　また、以下の事業者も小売業に含まれる。
　・商品を販売し、かつ同種商品の修理を行うもの（修理専業は別）
　・製造したものを、その場で販売するもの（いわゆる製造小売）
　・ガソリンスタンド
　・行商、旅商、露天商等、一定の事業所を持たないもの
　・官公庁、会社、工場、団体、劇場、遊園地等の中にある売店で当該
　　事業所以外によって経営されているもの

● 小売業の業態と分類

　小売業には、主に下記のような業態があり、有店舗小売と無店舗小売
とに分類される。
　有店舗小売
　・百貨店
　・スーパーマーケット（総合スーパー、専門スーパー）
　・コンビニエンスストア
　・ディスカウントストア、100円ショップ
　・各種専門店
　　食料品（野菜、果物、食肉、鮮魚、酒、菓子、パンなど）
　　衣料品（実用衣料、紳士服、婦人服、カジュアル）
　　家電（家電製品、パソコン、カメラ）
　　書籍、文具、玩具、スポーツ、楽器、ソフトウェア
　　家具・ホームセンター
　　自動車・オートバイ販売店（新車、中古車）、カー用品店
　　薬局、ドラッグストア、化粧品
　　古物商（古本、古道具等）
　　ガソリンスタンド
　無店舗小売
　・通信販売　　・移動販売　　・訪問販売　　・自動販売機

2-2 主な小売業の業態別の動向を知る

　国内における、主な小売業の業態別の動向を知るには、管轄する省庁、業態別に主要企業が加盟する協会や団体が、定期的に行っている売上高などの調査レポートを参照することで、最新かつ信頼性の高い情報を高確率で得ることができる。まずは市場規模を見てみよう。市場規模とは「市場の大きさ」のことで、一般的に特定分野における「年間の総売上高」を指す。動向を知るための情報としては売上高だけではなく、「労働者数」「製品の販売価格」「生産数」「販売数」「企業ランキング」などの前年比や数年間の推移などから考察できる。

　これらの調査レポートを公開している主な協会や団体などは以下のとおりである。

● 百貨店

●一般社団法人日本百貨店協会

　全国百貨店の売上高概況のほか、従業員数および売場面積、月ごとの地区別売上高、商品別売上高などのレポートを公式サイトで閲覧することができる。

● スーパーマーケット

●日本チェーンストア協会
（参考統計名「****年1月〜12月（暦年）チェーンストア販売概況について」）

　会員企業による販売統計を毎月公開している。食料品、衣料品、住関連など、部門別の販売額を閲覧できるほか、調査該当月の主な関連ニュースや国内主要都市の気温、降水量も掲載されており、売上への影響を考察できる。

● コンビニエンスストア

●一般社団法人日本フランチャイズチェーン協会
（参考統計名「JFAフランチャイズチェーン統計調査」）

　国内におけるフランチャイズビジネスの市場規模を把握することを目的に、フランチャイズチェーン統計調査を年1回実施しており、各年度のフランチャイズチェーンの業種別チェーン数・店舗数・売上高の統計情報を閲覧できる。また、同協会正会員のコンビニエンスストアの店舗

売上高、店舗数など、全般的動向も毎月公開されており、月別に閲覧できる。

● ショッピングセンター（SC）

●一般社団法人日本ショッピングセンター協会

　全国のショッピングセンターの立地別・地域別・構成別売上高から都市の規模別による分析など、幅広い分析結果を閲覧できる「SC販売統計調査報告」や、ショッピングセンター業界の成長を判断する指標のひとつとして参考になる「SC白書」など、ショッピングセンター業界動向を知るための、主要な統計情報を閲覧できる。

● 商店街

●中小企業庁「商店街実態調査報告」

　中小企業庁では、今後の商店街活性化施策の基礎資料とすることを目的として、全国の商店街に対し、最近の景況や空き店舗の状況、商店街が抱える課題などについてのアンケート調査を3年に1度実施し、商店街実態調査結果としてとりまとめたものを公表している。

　商店街の概況や来街者の動向のほか、キャッシュレス決済やテナントミックスなど、各種事業の取り組み状況なども調査結果として知ることができる。

3章

ネットショップの位置づけ

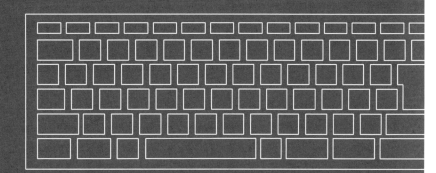

3-1 電子商取引の定義

● 電子商取引とは

　商取引とは「経済主体間での財の商業的移転に関わる、受発注者間の物品、サービス、情報、金銭の交換」である。従来の商取引は、店舗や事務所を通じて行われてきたが、最近はインターネット等のコンピュータ・ネットワークを通じて商取引を行うケースが増えている。これを電子商取引（Electronic Commerce、EC、eコマース、Electronic Trading）という。電子商取引とは、コンピュータ・ネットワークによる商取引のことを指す。

　OECD（経済協力開発機構）では、電子商取引を「広義」と「狭義」に分けて、次のように明確に定義している。

● 広義の電子商取引とは

　企業、家庭、個人、政府、その他の公的・私的組織間を問わずコンピュータを媒体としたネットワーク上で行われる「財・サービス」の販売または購入のことを電子商取引といい、このすべての電子商取引を広義の電子商取引という。

　財やサービスは、ネットワーク経由で受発注される必要があるが、決済や配送については、オフラインでも構わない。

　TCP/IPを利用した公衆回線上のインターネット、エクストラネット、インターネットVPN、IP-VPN、さらにはTCP/IPを利用していない従来型EDI（例、VANや専用線等）を使ったネットワーク等、あらゆるオンライン・アプリケーションによる受発注が当てはまる。

● 狭義の電子商取引とは

　インターネットでは、共通言語（プロトコル）としてTCP/IPが使われている。広義の電子商取引のうち、公衆回線上のインターネット、エクストラネット、インターネットVPN、IP-VPN等、TCP/IPプロトコルを利用した技術を使って受発注を行うものが、狭義の電子商取引である。

　このように電子商取引とは、広義、狭義ともにコンピュータ・ネットワーク上で「受発注」が行われることを要件としており、「受発注前」の製品情報入手や見積り、あるいは「受発注後」の決済や納品等については、オフラインでも構わないと定義されている。

OECD
OECD（経済協力開発機構）はヨーロッパ諸国を中心に日・米を含め38か国の先進国が加盟する国際機関。国際マクロ経済動向、貿易、開発援助といった分野の分析・検討を行っている。

オフライン
ネットワークにつながっていない状態のこと。ここでは、コンピュータ・ネットワークを活用しないユーザー向けサービスを「オフライン」のサービスと呼んでいる。

TCP/IP
Transmission Control Protocol/Internet Protocolの略で、インターネットで使用される世界標準のコンピュータ言語である。コンピュータ間の通信をつかさどる言語が世界で共通化されたことにより、オープンなコンピュータネットワークとしてインターネットが世界に広がり、そのネットワーク上でさまざまなサービスが提供されるようになった。

エクストラネット
複数の企業間でイントラネットを相互接続したネットワークのこと。

インターネットVPN
インターネットを経由して構築される仮想的なプライベートネットワーク（VPN）のこと。

IP-VPN
通信事業者の保有する広域IP通信網を経由して構築される仮想私設通信網（VPN）のこと。

　例えば、見積りをオンライン上で行って、受発注は電話やFAXで行った場合、その取引は「従来型の商取引」であり、電子商取引には含まれない。

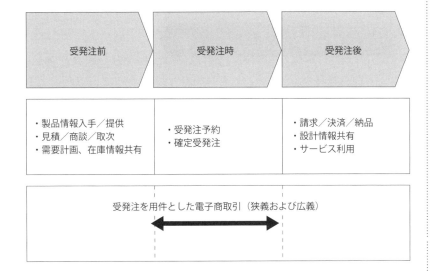

3-2 電子商取引の種類

● 電子商取引の種類

電子商取引の種類は大きく3つに分けられる。

■「B to B」(Business to Business)

企業間または企業と政府(地方公共団体を含む)間で行われる電子商取引を指す。企業には個人事業主も含まれるが、購入が事業目的のケースを指す。

B to B

企業、または 政府・地方公共団体 (企業には、個人事業主を含む)	電子商取引 →	企業、または 政府・地方公共団体 (企業には、個人事業主を含む)

要件 物品の調達等、事業を営むための購入・購入対象の種類や、資金負担者の属性等には依存しない。

■「B to C」(Business to Consumer)

企業と消費者との間で行われる電子商取引を指す。Webサイトや専用アプリを介して消費者に商品やデジタルコンテンツを販売するネットショップが代表例である。通常は、狭義の電子商取引に含まれる。

「消費者の購入」とは、購入される商品が消費財であるとか、購入費用の負担者が個人である、という意味ではなく、個人使用を目的とした購入のことを意味する。たとえ消費財であっても、個人事業主が事業のために購入したもの(販売目的の在庫品や事業所の備品)はB to Bに含まれる。

なお、B to Cの電子商取引は、PCやテレビモニターを通じてWebサイトで取引が行われる形態のほか、スマートフォン、タブレット端末等による商取引(モバイルコマース)も含まれる。

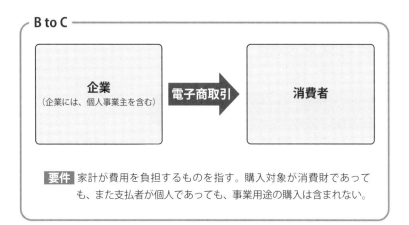

■「C to C」（Consumer to Consumer）

　消費者間で行われる電子商取引を指す。Webサイトで行うオンラインオークションやスマートフォンで取引を行うフリーマーケット専用のアプリケーション（通称"フリマアプリ"）などが代表例である。

■電子商取引の市場規模

　国内の電子商取引の規模は、経済産業省が日本の電子商取引市場の実態把握のために行っているデジタル取引環境整備事業（電子商取引に関する市場調査）の調査結果でつかむことができる。

　世帯あたりのスマートフォンの普及率は 2021 年時点で8割を超えた。パソコンの保有率は低下傾向にあり、電子商取引においてもスマートフォン経由での取引額が増加している。調査結果は年に一度経済産業省のホームページで公開され、国内電子商取引（B to C および B to B）市場全体のほか、物販系、サービス系、デジタル系、各分野別の増減率やC to C電子商取引推定市場規模、日本・米国・中国の3か国間における越境電子商取引の市場規模についての調査結果も閲覧できる。

3-3 ┃ ネットショップとは

● ネットショップの定義

　ネットショップとは消費者向けEC、すなわちB to C電子商取引を指す。事業主には個人も含まれ、会社員が副業で行うケース、主婦や学生が友達同士で行うケースなどもある。

　また、電子商取引の定義と同様に、取り扱うものは物品に限らず、サービス（チケット販売やクーポン販売、旅行販売、宿泊予約など）や、デジタルコンテンツも含まれる。

● ネットショップ実務士のノウハウが活かせる範囲

　下記は顧客視点の購買ステップである。ビジネスでは、すべてのステップで適切なコミュニケーションを実行することが求められる。

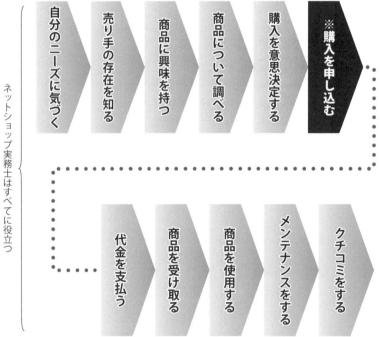

（注）各ステップで、前後の順番が入れ替わることもある。ステップを飛ばすこともある。

　統計や法律の上では「※購入を申し込む」の部分のみがネットショップの該当範囲だが、「ネットショップ実務士」のスキルは、すべての顧客コミュニケーションを計画し、実行し、改善するプロセスに役立つ。

3-4 | 実店舗との融合

● 店舗小売りと通信販売の販売ステップ比較

28ページに示した顧客の購買ステップは、顧客視点の表記だったが、売り手視点で下記に再度整理してみた。実店舗を持つ店舗小売りと実店舗を持たない通信販売（ネットショップ含む）の機能の比較である。

ステップ	店の存在を知らせる	商品の詳細を説明する	購入の意思を確認する	代金を回収する	デリバリー	アフターフォロー
店舗小売り	立地 看板 建物 広告 等 **インターネット上での情報収集・取得**	店員 ポップ パッケージ 商品そのもの 等	店員 **モバイルによる、購入申し込み**	現金 カード 電子マネー **インターネットによる、決済情報の伝達**	店舗までの商業物流 ＋ 顧客による持ち帰り	店員 DM **SNSやメールマガジン等**
通信販売	**インターネット** テレビ カタログ 折り込み 等	**インターネット**※ 電話 郵便 FAX	振り込み カード 代引き等 **インターネットによる、決済情報の伝達**	売り主までの商業物流 ＋ 宅配 **ダウンロード**	**インターネット** 電話

※印の部分がネットショップと定義される領域だが、多くの通信販売がインターネットに集約されつつある現在、通信販売はネット販売に等しくなりつつある。さらに、太枠による表記でわかるとおり、店舗小売りおいてもインターネットによる影響が大きい。

● 顧客を繋ぎとめる「一貫性」「連続性」

新しい顧客と出会い、購買をしていただき（売上げに繋がり）、継続して取引をしていただくという一連の流れは、一つの流れとして繋がってこそビジネスが成立するのであって、一箇所でも途切れると、その瞬間に機会損失となってしまう。新たな出会い（機会）を創り出すことは大きな労力とコストがかかるため、ビジネスにとってもっとも大切なことは、この一連のコミュニケーションが途切れないことである。

加えて、顧客へのメッセージが一貫していることも同じように重要である。例えば、広告の印象が「清潔」だったのに、店員の身だしなみが「不潔」では、顧客はガッカリしてしまうのである。

顧客には、購買行動を起こした後にガッカリすることを避けたいという心理が働いている。このようなリスクを回避するため、顧客は友人からのクチコミを重視するのである。友人どうしならば、相手がガッカリ

しないための（または感動するであろう）ポイントを知っており、そこを確信したうえで情報を伝達するからである。ちなみに、メディアに紹介されたクチコミや記事は友人からの情報ほど信頼されないが、広告よりは信頼される傾向にある。

売り手は、自社の情報、強み、特徴、商品情報、お得な情報などを、どのコミュニケーションにおいても一貫させ、顧客を次の購買ステップにスムーズに導かなければならない。

● 顧客は、店舗小売りと通信販売の分離を期待していない

顧客視点で考えると、「うちは実店舗だから、～という対応はしない」「うちは通信販売だから～はできない」などの対応が、顧客に支持されなくなっていることがわかる。以前は「仕方ない」と諦めていたかもしれないが顧客にとって便利なサービスを構築する新しい事業者が現れると、そのサービスが顧客にとっての常識として定着してしまう。

29ページの「店舗小売りと通信販売の販売ステップ比較」でわかるとおり、Webサイトや店舗アプリで商品の情報を収集してから店舗に行く、店舗で購入した物の継続購入をインターネットで行う、位置情報を元にしたモバイル端末への広告がきっかけで店舗を知るなど、店舗とインターネットのさまざまな情報連携が見られる。

● 顧客にとっての価値を常に考える（OMO）

OMO（Online Merges with Offline）とは、オンラインとオフラインの顧客体験の統合を目指すマーケティング手法である。新しいメディアやテクノロジーが登場し、コミュニケーションの形が進化し続ける中、顧客を中心に考えて、一貫した体験を提供するアプローチの重要性は一層高まっている。ネットショップ運営において新技術を採用する際も、その技術の活用によって顧客にどのようなメリットがあるのか、どのように利便性を向上させることができるのか、顧客にとっての価値を常に念頭に置くことが重要である。

バリューチェーンと日本のプレイヤー

● ビジネスの基本

　ビジネスとは、事業者が顧客に価値（商品やサービス）を提供し、顧客が事業者にその代金を支払うという、取引（価値交換）が基本である。

　しかし、近代ビジネスにおいては、専門サービスを提供する企業の出現や役割の細分化、それらのアウトソーシングなどによって、価値の流れや代金の流れが複雑になってきている。取引を誘引するための情報の流れも、インターネットの出現により複雑化している。

　下図に見られるような「情報の流れ」「商品の流れ」「代金の流れ」の三つの流れを、登場するプレーヤーとともに整理整頓すると、ビジネスモデルが理解しやすくなる。

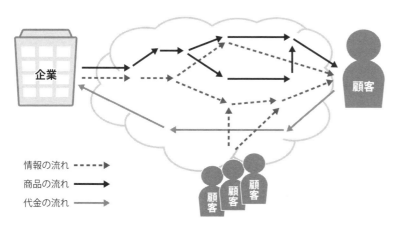

● ネットショップのビジネスモデルとプレーヤーの種類

　ネットショップのビジネスモデルを整頓し、価値の流れ（バリューチェーン）に沿って、主なプレーヤーを洗い出すと、下図のようになる。

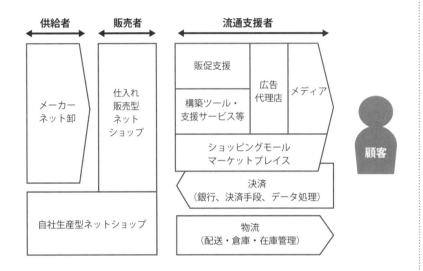

● 主なプレーヤー

参考
リンク集
https://acir.jp/dltext_link-html/

　日本のプレーヤーの一部を紹介する。

【メディア】

■検索エンジン
Yahoo! JAPAN ｜ https://www.yahoo.co.jp/
Google ｜ https://www.google.co.jp/
Bing ｜ https://www.bing.com/

■ブログ
Ameba（サイバーエージェント）｜ https://www.ameba.jp/
note｜ https://note.com

■動画共有サイト
YouTube（Google）｜ https://www.youtube.com/
ツイキャス ｜ https://twitcasting.tv/
ニコニコ動画 ｜ https://www.nicovideo.jp/
17LIVE ｜ https://jp.17.live/

■SNS

Facebook ｜ https://www.facebook.com/
X（旧Twitter）｜ https://twitter.com/explore
Instagram ｜ https://www.instagram.com/
LINE ｜ https://line.me/ja/
TikTok ｜ https://www.tiktok.com/ja-JP/

■CGM

クックパッド ｜ https://cookpad.com/
食べログ ｜ https://tabelog.com/

■音声メディア

voicy ｜ https://voicy.jp/
Radiotalk ｜ https://radiotalk.jp/

■ニュースアプリ

SmartNews ｜ https://www.smartnews.com/ja/
NewsPicks ｜ https://newspicks.com/

【ショッピングモール／マーケットプレイス】

■ショッピングモール

Amazon ｜ https://www.amazon.co.jp/
楽天市場 ｜ https://www.rakuten.co.jp/
Yahoo! ショッピング ｜ https://shopping.yahoo.co.jp/
au PAYマーケット｜ https://wowma.jp/

■その他マーケットプレイス

メルカリ ｜ https://jp.mercari.com/
楽天ラクマ（旧FRIL）｜ https://fril.jp/

【ショップ構築ツール・その他支援サービス】

Shopify ｜ https://www.shopify.com/jp
BASE ｜ https://thebase.com/
ショップサーブ（Eストアー）｜ https://shopserve.estore.jp/
makeshop（GMOメイクショップ）｜ https://www.makeshop.jp/
EC-CUBE（イーシーキューブ）｜ https://www.ec-cube.net/
カラーミーショップ ｜ https://shop-pro.jp/

【物流】

ヤマト運輸｜ http://www.kuronekoyamato.co.jp/

CGM
Consumer Generated Mediaの略で、「消費者生成メディア」と訳される。企業や組織ではなく、一般消費者が主体的にコンテンツを作成・共有するメディアを指す。

佐川急便 ｜ https://www.sagawa-exp.co.jp/
日本郵便 ｜ https://www.post.japanpost.jp/index.html

【決済】

電算システム ｜ https://www.densan-s.co.jp/
GMOペイメントゲートウェイ ｜ https://www.gmo-pg.com/
PayPal ｜ https://www.paypal.com/jp/home

【ポイント】

Tポイント ｜ https://tsite.jp/
Pontaポイント ｜ https://point.recruit.co.jp/point/
楽天ポイント ｜ https://point.rakuten.co.jp/
dポイント ｜ https://dpoint.docomo.ne.jp/

【現金後払い】

NP後払い ｜ https://www.netprotections.com/
後払いドットコム ｜ https://www.ato-barai.com/

Tポイント
2024年4月よりVポイントに名
称変更予定。

● 知っておきたい優良ネットショップ

　日本には、数多くのネットショップが存在するが、すべてのネットショップが成功しているわけではない。

　知っておきたい優良ネットショップは、オンラインモールやECサイト構築サービスの提供企業などが主催する年間売上額や顧客満足度の高いショップを表彰するアワードなどからたどり着ける。何年も続けて受賞する老舗のネットショップや時流をとらえた製品を提供してヒットさせる開店まもないネットショップなどさまざまだ。

　繁盛しているネットショップを観察することや、評判の良いネットショップで買い物をして顧客になることは、ネットショップ運営者にとって学ぶことの多い必要な体験である。

　以下に例年開催されている優良なネットショップを表彰する主なアワードを紹介する。

・楽天ショップ・オブ・ザ・イヤー／楽天ショップ・オブ・ジ・エリア
・Yahoo！ショッピング ベストストアアワード
・au PAY マーケット BEST SHOP AWARD
・Eストアー ネットショップ大賞
・カラーミーショップ大賞

4章

ネットショップの
出店形態と特徴

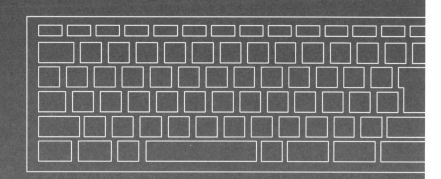

4-1 | オンラインモール店と独自ドメイン店

● 二つの異なるネットショップ出店形態

　ネットショップの出店形態には、大きく分けるとオンラインモールへ店子（テナント）として出店する形態と、インターネット上に独立したショップを開設する独自ドメイン店の形態の2つがある。また、運営面においては、自社で運営する以外にも、外部企業が運営を代行したり、卸先が運営する場合もあるが、ここでは、オンラインモール店と独自ドメイン店の二つの出店形態について紹介する。

■オンラインモール店

　オンラインモールとは、複数のネットショップを一つのサイトにまとめて、さまざまな商品を販売するWebサイトのこと。モールEC、ECモール、サイバーモール、電子モール、マーケットプレイス、電子商店街などさまざまな呼び方がある。本書ではオンラインモールと表記する。「Amazonマーケットプレイス」「楽天市場」「Yahoo!ショッピング」「Qoo10」「ZOZOTOWN」などが有名。近年では「Makuake（マクアケ）」「CAMPFIRE（キャンプファイヤー）」などの購入型クラウドファンディングサイトも新たなオンラインモールの位置づけとして加わっている。また、「.st（ドットエスティ）」のようにブランド運営会社の独自ドメインサイトとしてオンラインモール出店が可能な形態をとっているケースもある。

　1990年代後半に国内でサービスを開始したオンラインモールは、当初、ショップを寄せ集めただけのモールが多く、お客様にもショップにも利便性は低く、そのほとんどは市場から撤退した。しかし、決済システムや多彩な販促手段など、ショップが利用しやすいサービスを充実させたオンラインモールには、徐々に出店するショップが増え、その結果、利用者が多く集まるようになっていった。

■テナント（店子）としてのオンラインモール店

オンラインモール店を開設する場合、オンラインモールの中でテナント（店子）としてショップを運営する。実店舗のショッピングモールと同じように、「モール運営会社が販促をすることにより、モールに大勢のお客様を呼び込み」、「出店した各ショップが集まったお客様に対して販売していく」という形態が特徴である。販売主がオンラインモール側かモールテナント（店子）側かはサイトによって異なるものの、後者が一般的である。またモール側が顧客情報やシステムを管理し、売上に応じた手数料を徴収する場合が多い。実店舗のモールと異なる特徴としては、モール運営会社が個々のお客様の購入履歴、買いまわり行動や属性などのお客様データをより細かく把握できる点、モール内での広告出稿やメールでの集客をテナント（店子）自身が行える点が挙げられる（お客様管理機能、受注管理機能、広告配信管理機能など）。このデータをテナント（店子）が活用したさまざまな販促企画やモール主体の販促企画、ポイントプログラム、スピーディな配送基準・サービス、顧客接点となるスマートフォンアプリの提供などにより、モール運営会社はお客様の心を捉えている。

■独自ドメイン店

オンラインモールに属さず、独自に構築、運営するネットショップのこと。URL（Webアドレス）がモールのドメイン内ではなく、「○○.com」「××.jp」「△△.net」など、ショップ固有のドメインで運営するため独自ドメイン店と呼ばれ、別にオンラインモール店を持つ場合には、自社サイト、本店などとも呼ばれる。路面店のように単独で運営する実店舗と同様に、自力でお客様を呼び込み、販売していく形態を取る。

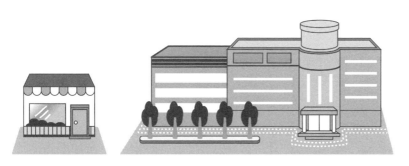

1990年代は、自社で仕組みを構築できる企業だけが独自ドメイン店を出店していたため数は少なかったが、2000年代に入ると、「ネットショップ構築ツール」によって、テンプレート式サイト構築機能や運営機能がまとめて提供されるようになったため、中小規模のショップが徐々に増加していった。さらに、2010年代前半には、無料でECサイト開設ができる「インスタントEC」が登場し、2010年代後半には、カナダ発のECプラットフォーム「Shopify」が日本参入したことによっ

店子
この場合の販売主は、あくまで、テナント（店子＝ショップ）であり、モールではない。モールが直販している場合、商品をモールに卸して販売してもらうこともあるが、その場合は、ネットショップ（小売）ではなく、モールへの卸販売となる。

買いまわり行動
消費者がモール内の複数のテナントで購入してまわる行動のこと。楽天市場では、「お買い物マラソン」など複数のテナントで購入することで、ポイント付与率が高まるキャンペーンを積極的に実施している。

お客様管理機能
配送や問合せ対応に必要なお客様の個人情報や購入履歴、対応履歴などの管理を行い、属性に合わせたメールマガジンの配信などを行う仕組み。販売主がオンラインモール側の場合は、前述の機能がない場合がある。

受注管理機能
オンラインモールで受注した注文情報を集計、一覧表示し、商品発送までのメール連絡や入金状況の確認、帳票作成を行う仕組み。

広告配信管理機能
Amazonマーケットプレイス、楽天市場、Yahoo！ショッピングなどにおけるサイト内での広告出稿やデータ分析を行う仕組み。

ドメイン
インターネット上にあるコンピュータを指す識別子のこと。簡単にいうとインターネット上の「住所」。ホームページの表示やメールで使用される。○○.jpや××.comなどのドメインは、世界中で全く同じものは存在しない。

ネットショップ構築ツール
ショップページをテンプレート式で構築できるだけでなく、ネットショップ運営に必要な機能がひとまとまりになっているサービス。ASP方式で提供されることが多く、その場合はショップ構築ASPとも呼ばれる。

ASP
アプリケーションサービスプロバイダの略語で、インターネット経由でアプリケーションを提供する業態のこと。

て、さらに中小規模ショップ増加が加速していった。またこれらの下地があった上で、2020年からのコロナ禍に突入したことで、これまで独自ドメイン店に着手していなかった業種や企業がサイトを構えるようになっていった。現在では、求める機能や予算に合わせて月々無料＋手数料から数万円のサービスまで、豊富な選択肢からツールを選べるようになった。

　一方、大規模な独自ドメイン店も多数存在する。まず、カタログ型やテレビショッピング型の通販大手会社も、紙カタログからのシフトやテレビとの連動強化をめざし、インターネットに本腰を入れ始め、今も売上上位のネットショップとして運営している。ネット専業ではMonotaRO、ゴルフダイジェスト・オンラインなどの大手が出現している。実店舗の知名度の高いヨドバシカメラ、ビックカメラなどの大手家電量販店やユニクロ、ニトリなどの専門チェーンやイオン、イトーヨーカ堂などのGMSがネットショップを展開するとともに、実店舗との融合を図る戦略とサービス展開を行っている。いずれも多額の資金や準備期間をかけて、大規模かつ高度な機能を持つショップを構築・運用し、近年ではエンジニアチーム設立、子会社設立、自社での開発を行うなど進歩の速度を高めている。

　次のページより、オンラインモール店と独自ドメイン店の特徴を比較しながら見ていこう。

● オンラインモール店と独自ドメイン店の比較

■マーケット（市場）の違い

（1）お客様（属性、購買心理、行動習慣）

オンラインモール店	独自ドメイン店
モール独自のポイント・販促イベントや翌日配送・送料基準、色々な商品が購入できるなどの利便性を求めるお客様が多く、目的買いに加えて、イベント経由での購入やレコメンドによるついで買いも多い。モール内の人気ランキングや特集、モール発行のメルマガなどでの発見による購入も多い。 　価格比較機能、レビュー、ポイントなどでモール内の複数のショップを比較し、条件が良ければ知名度の低いショップでも購入する。これはモール運営会社への安心感があるからだと考えられる。そのため個々のショップから買うという意識は薄く、モールで買うという意識が強い傾向にある。 　同じ商材や同一品番を扱うショップが複数ある場合は、その都度、条件の良いショップを選んで購入する傾向があり、特別に良い印象を持たない限り、同じショップでリピート購入をしないという特徴もあると考えられる。販売主がモールであればクレームはモール側、販売主がテナント（店子）であればテナントに寄せられることが多い。 　また、モールの会員制度が存在するため、上位ランクのお客様ほど、ポイントを貯める目的で決まったモールだけで繰り返し購入する傾向がある。	主にブランド指名での目的買いの傾向が強く、GoogleやYahoo! JAPANなどの検索エンジンでの検索結果からの発見や、SNSや広告を通じた発見、また登録しているメールマガジンやLINE公式アカウントによる通知によって目的の商品にたどり着き購入することが多い。 **【中小規模店】** 　知名度のないショップに対する不安感が強いため、初回購入は慎重で、他のサイトやSNSでレビュー・口コミを確かめてから購入することが多いと考えられる。 　目的の商品に関する関連情報の豊富さや、ブログ・SNSなどのさまざまな活動情報からショップへの信頼感を高めたりしてから購入を決定する傾向がある。ただし初回購入で終わる可能性が高いため、リピート購入にはリピートしやすい商品設計やメールマガジンやLINE公式アカウントの登録が鍵となる。 **【大規模店】** 　知名度の高い企業やブランドに対する消費者の信頼感は高さは、購入意向につながる傾向にある。また、サイトの機能としてモールやSNSとのID連携やCRMとの連携が行われているため、リピート購入もしやすい。また、実店舗企業のサイトの場合は、カタログや配送手段として利用されることも多い。

目的買い
あらかじめ購入する商品を決め、その商品を探して買うこと。これに対し、購入予定のない商品を偶然見つけて欲しくなり、その場で買うことを衝動買いという。

CRM
Customer Relationship Managementの略称でマーケティング用語の一つ。日本語訳は「顧客関係管理」や「顧客関係性マネジメント」となり、企業（ネットショップ）が、顧客満足度や顧客ロイヤリティの向上を通し、顧客と良好な関係を築くことで売上や収益性の向上を目指す手法。

（2）商品（商材特性、価格）

お客様の違いを背景にした売れ筋商品の違い

オンラインモール店	独自ドメイン店
モール内では、同一商品や比較商品が並んでいて常に競合環境にさらされること、主要動線がサイト内検索一覧であること、ランキングが信頼の一部になっていることなど、モール特有の前提がある。そのため、検索結果上位掲載商品に優位性があり、価格・送料・配送日の比較がおこりやすくなっている。 　知名度の大小を問わずに競合優位性のある商品であれば売上向上は可能であるものの、広告・レビュー獲得・SEO・イベント参加・商品の販売実績など複合的な要素が商品やテナントの売上を左右する構造になっていることへの留意が必要である。	【中小規模店】 　事前に他のチャネルで知られているか、検索エンジン経由か広告での集客が基本で、お客様の事前期待があることが前提である。モールと比べると、商品に出会う偶発性が低く、比較もされにくいため、事前期待を特定して、それに対処した商材がより向いている。また、リピート購入がサイト運営の成否をわけるため、リピートされやすい商品が望ましい。例えば、SNSなどで話題を醸成した商品、リピートされやすい化粧品・健康食品・日用品など。また、ブランドや企業自体に愛着をもてる場合も向いている。 【大規模店】 　中小規模店と同様の特徴が見られるが、ショップの過去の購入者やCRM可能な会員の多さにより、商品力や価格訴求によって販売することが可能である。また予約・受注販売など、在庫リスクの少ない販売方法がよりやりやすい。

■環境（提供される仕組み）の違い

（1）URL（インターネット上のアドレス、ドメイン名）

オンラインモール店	独自ドメイン店
モールのドメインを使用したURLとなる。出店期間中のみ利用することができ、退店後は利用できない。	独自のドメインを取得して使用すると恒久的なURLとなるが、インスタントECで取得したURLは出店期間中のみ利用でき、退店後は利用できない。

独自ドメイン
105〜106ページ参照

（2）ショップ（見せ方、デザイン）

オンラインモール店	独自ドメイン店
原則としてカート画面以前のページはモールのテンプレートを使用した構築となることが多いため、デザインの自由度が少ないことが多いが、独自にデザインしたページを作成することも可能であるケースも多い。オリジナルのスタイルシートが提供されているモールの場合は、HTMLなどの知識があれば、カート以前のページをある程度自由にデザインすることが可能になっている。 　モール内の検索結果が主動線という特性上、商品ページの重要度が高く、購入決定に必要な情報が極力1ページ内にまとまっているのが望ましい。ランキング上位に入った実績・累計販売実績や、レビュー数などを明示することで権威性や安心感を伝え、商品の特徴を詳細に伝える必要がある。また、モールによっては商品ページからカテゴリ・ショップトップページに回遊する行動があるため、各上位ページの情報も重要である。	【中小規模店】 　デザインテンプレート・テーマを使うことで早期の構築も可能で、独自デザインの実現も可能なシステムが多い。「誰に何を販売するか」が、事前期待のあるお客様にとってわかりやすく構成されていることが重要である。このサイトでは何を買えばよいか？　を明示し、商品の説明や使用感が伝わるように画像・テキスト・動画を駆使して情報を充実する必要がある。 【大規模店】 　独自のデザイン・UIや独自のサービスに基づいた機能やデザインが作りこまれている。レコメンド機能をはじめとする複数のツールを使ってお客様ごとの最適化が行われている。また、スマートフォンアプリやLINE公式アカウントとの連携、実店舗の会員との連携などにより、複数の接点それぞれにあったデザイン・UIが展開されるケースが多い。

スタイルシート
ページの見栄えにかかわる情報（レイアウト、文字の字体や色、修飾など）をまとめたデータやファイルなどのこと。

レコメンド機能
お客様の行動履歴や購買履歴などから、個別にオススメの商品やサービスを提示する仕組み。

（3）運営ルール（受注方法、お客様情報利用）

オンラインモール店	独自ドメイン店
モールの運営ルールに従う必要がある。 　基本的には、モールのカートシステムを介さない購入は認められておらず、他の購入チャネル（独自ドメイン、FAX、電話、実店舗）への送客を目的としたメールや同梱物などによる誘導は禁止されている。 　退店後のお客様情報は持ち出しが禁止されており、メールアドレスは知らされず、モールのシステム上でしかメール連絡ができなくなっているケースもある。	サイトの運営ルールや利用規約は制限を受けないものの、昨今は遵守が必要な法律も増えたため、開設前に確認しておく必要がある。その上での自由運営が可能であり、実店舗やその他のチャネルと注文を連携することで、ビジネスを広げることも可能。

（4）システム（ショップの機能）

オンラインモール店	独自ドメイン店
モールから提供されるシステムには、ネットショップ開設・運営に必要な機能がすべて装備されているため、初心者でも取り組みやすい。反面、機能のカスタマイズはできないため、システムの機能が伴った独自のサービス提供・UIの実装は実施できない。また、一部のモールでは実店舗受取りのようなオムニチャネルの取り組みを実施しているが、モールで実施していない他チャネルとの連携はできない。 　主なショップの機能は、ショップページ制作機能、商品管理機能、ショッピングカート機能、決済機能、受注管理機能、お客様管理機能など。	【中小規模店】 　目標の売上規模や初期・月額の予算感でさまざまなネットショップ構築ツールを選べる。主なショップの機能はモールとほぼ同じだが、各社によって細かい機能の有無や充実度が異なる。 　近年は、システムの本体とは別に、アプリケーションとしてさまざまな機能を提供するケースが増えてきている。その場合、カートシステムやアプリケーション自体はカスタマイズができない場合も多いものの、アプリケーションを駆使することで独自の施策を実行することが可能になっている。ただし、他チャネルや外部システムとの連携、業務効率化などによりネットショップ構築ツールのリプレイスをすることも多い。 【大規模店】 　パッケージ型、一から開発するスクラッチ型、外部システムとのAPI連携が可能なSaaS型などの方法から選んで構築する。開発コストと期間こそかかるが、ショップに必要な要件をすべて満たすことが可能。近年はブラウザサイトだけでなく、スマートフォンアプリ・LINE・実店舗などとの他チャネル・ツールとの連携と、各接点の最適化が求められている。

ショップページ制作機能
トップページ、商品一覧ページ、商品詳細ページ、特集ページなどを、商品管理機能と連動して作成する仕組み。

商品管理機能
商品情報や在庫情報を管理する仕組みで、商品の新規登録、追加、変更、削除や、各商品の在庫数の管理が可能。

ショッピングカート機能
お客様の個人情報、購入する商品名、価格、個数を自動表示して確認を促したり、送料、合計金額などを自動計算したりして、注文情報をショップと購入者に送信する仕組み。

決済機能
受注した代金を回収するための仕組みで、クレジットカード決済やコンビニエンスストア決済、電子マネー決済、ネットバンキング決済などがある。

（5）サービス・ノウハウ
（制作、運営、販促、マネジメント／法律、セキュリティ）

オンラインモール店	独自ドメイン店
モール内でのショップ開設・運営に必要な知識やスキルについて、一通りは総合的なサポートを得られるのが特徴。ショップの担当コンサルタントからの販促のアドバイスや、各種セミナーへの参加、カンファレンスへの参加を通じて一定の情報収集が可能である。ショップの機能の操作方法についても、動画でのマニュアル公開や、電話でのテクニカルサポートなど、対応してもらえる。ただし、即答してもらえるわけではないので注意が必要。また、近年はテナント（店子）事業者や支援企業がブログ、YouTube、セミナー、勉強会で情報提供しており、より深い実践的な情報や学びを得られる。モール運営会社からの法律・ルール変化やイベント情報を注視しつつ、対応や実践に関してはテナント事業者の情報を収集することで、動向への準備がやりやすくなる。	【中小規模店】 　一部のネットショップ構築ツールの提供会社を除いて、総合的なサポートを得られることは少なく、操作方法のサポートやマニュアルの提供、法律対応を含めた機能アップデートの連絡、メールを主体としたテクニカルサポートなどの範囲が提供されていることが多い。ショップ運営に関して自力で学習して知識・スキルを身につける必要があるが、近年はモール同様に独自ドメイン店事業者や支援企業がブログ、YouTube、セミナー、勉強会で情報提供しており、より深い実践的な情報や学びを得られる。それぞれの分野に応じた専門性の高い支援企業も増えているため、必要に応じて有償支援を受けることも可能。 【大規模店】 　独自での情報収集や近年の各種情報発信は、中小規模店と同様だが、大規模店の場合はチームマネジメントや他部署との調整が必要でありその知識・スキルも求められる。全ての業務を内製化しているケースもあるが、必要に応じて外部の支援企業を活用しているケースが多く見られる。また、採用においても直接雇用だけでなく、特に専門性の高い業務に関しては業務委託などの活用も進んできている。

（6）集客・広告（リーチ手段、販促、CRM、効果測定）

オンラインモール店の集客・広告
166ページ参照

独自ドメイン店の集客・広告
152ページ参照

オンラインモール店	独自ドメイン店
モール内の集客においては、モール内のお客様を自社の商品ページに誘導しなければ、モールと言えど売上はゼロになってしまう。モール自体への集客はモール運営会社が実施していることが前提だが、基本的には独自で集客が必要である。定期開催される販促イベントへの参加、モール内の広告・SEO・メールマガジン・LINE、モール外の広告・メールマガジンなどの手段がある。モールが提供する管理画面である程度のアクセス解析が利用できる。 　また、モールサイトトップから商品にたどり着くまでの主要動線になっている検索結果は、モール独自のアルゴリズム（非公開）が存在し、情報収集しながらどのキーワードで広告を含めた上位掲載を狙うか定めることが重要になっている。検索結果一覧では、価格・ポイント付与率・配達日が選ばれる要素になるので、それらのチューニングも集客活動の一部と考えると良い。	集客方法は自由だが、独自の集客が必須。新規の集客では、リスティング広告・商品リスト広告やSEO対策などの検索エンジンやSNSでのオーガニック投稿や広告などからの集客が基本となる。リピーター集客はメールマガジン、LINE公式アカウントがメインとなる。モールよりも効果測定がしやすく、アクセス解析などを利用して分析から改善を継続的に行うことが求められる。その他には、リターゲティング広告やアフィリエイト広告、プレスリリース、オフラインの店舗やイベントなども活用されている。広告では競合の入札状況、検索順位の変化、SNSのアルゴリズム変化による影響など外的環境変化から影響を受けやすい。ネットショップ専門でビジネスを始めるのではなく、既存で事業を行っている場合は、それを徹底利用することで集客を行うことが必要。 **【中小規模店】** 　一部のショップ構築ツールは、SEOキーワード管理、LINE公式アカウント・広告管理・商品フィードなどの連携による集客機能やメールマガジン配信機能がある。基本的にサイトの存在は誰にも知られていないため、自社で保有しているサイト・顧客リスト・SNSフォロワーなどを駆使しつつ、可能な範囲で広告や集客の予算を確保して、自社と関連性の高いお客様を集客することに力を入れる必要がある。

<table>
<tr><td></td><td>
【大規模店】

実店舗網やオンライン広告、テレビ広告・タイアップ、DM、カタログなどのあらゆる手段で集客を行っている。また、リピーターの確保が重要であることは中小規模店と同様であり、お客様の情報・行動履歴・購買履歴をもとに、メールマガジンやLINE、さらにスマートフォンアプリの配信を行っているケースが多い。そのため、より精緻な顧客情報の統合管理や配信自動化、広告との連動などを行うために専門のツールが導入される傾向がある。
</td></tr>
</table>

■収支の特徴

（1）売上げ

オンラインモール店	独自ドメイン店
販促イベント参加やモール内広告を駆使することで、出店直後から売上を立てることも可能。ランキング掲載などで急激に売上がアップするケースもある。 　近年はテスト販売を目的として、購入型クラウドファンディングサイトが用いられるケースが増えている。	独自の集客源の有無が鍵になり、集客源がある場合は開設直後から売上が立ちやすく、ない場合は徐々に売上がアップするケースが多い。

（2）変動費（ネットショップ特有の変動費）

オンラインモール店	独自ドメイン店
多くのモールは売上に対して数%から十数%の販売手数料（決済手数料を含む）がかかるが、配送・倉庫保管をセットに割いたサービスを利用する場合は従量制で費用が発生する。運営もろもろを含めると売上の20〜30%ほどの費用は必要になることが多い。	基本はシステム費用（月額固定）、決済手数料、物流に関わる経費などが必要となる。一部のネットショップ構築ツールでは売上に連動した手数料を取る場合がある。

売上げ拡大時の固定費、変動費、利益の関係

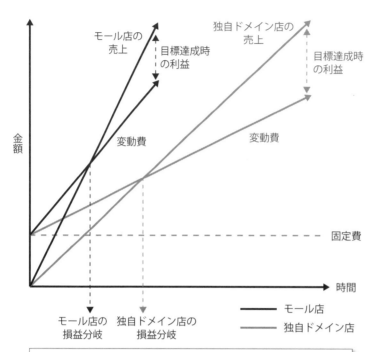

【収支の傾向比較】

●モール店の売上は立ち上がりが早い傾向にある。

●モール店は損益分岐を超えるのが早い（固定費による）。

●独自ドメイン店は売上規模が大きくなると、モールよりも営業利
益率が高くなりやすい。

4-2 ┃ 日本のオンラインモール

● 日本の主なオンラインモール

　日本にはさまざまなオンラインモールが存在するが、そのなかで最大規模の売上を誇るのがAmazonジャパンである。世界150ヵ国以上でグローバルに事業を展開するAmazonが、豊富な品揃えと低価格に注力し国内最大のオンラインモールに成長した。次いで、楽天株式会社が運営する、1997年に開設された「楽天市場」と、LINEヤフー株式会社が運営する、出店料無料の「Yahoo! ショッピング」が続く。

　「楽天市場」は楽天ポイントが貯まる・使えることで、多くのユーザーから支持され続けている。Yahoo! ショッピングは個人・法人を問わず、初期費用、月額費用、売上ロイヤリティがすべて無料なので、低コストでEC事業を始めることができる。2022年にPayPayモールと統合し、利便性がより向上した。

　また、さまざまな専門モール・マーケットプレイスが増えている。ファッションを代表する「ZOZOTOWN（ゾゾタウン）」、クラウドファンディングサイトの「Makuake（マクアケ）」、「CAMPFIRE（キャンプファイヤー）」、ハンドメイドマーケットプレイスの「minne（ミンネ）」、「Creema（クリーマ）」などがある。この他にも、本来はEC事業者かつ独自ドメイン店がモール化、またはマーケットプレイス化するケースも出てきている。家電を取り扱うヤマダデンキの「ヤマダモール」や、ファッションではアダストリアの「.st（ドットエスティ）」などが、これにあたり、モール型ネットショップ構築ツールが、さらに脚光を浴びている。

　出店費用については各モールともさまざまなプランを提供している。また、出店費用の有料、無料にかかわらず、システム利用料、お客様へのポイント料負担（購入時のポイント付与、ポイント原資ともいう）、オプションの決済手数料、メールマガジン配信やアフィリエイトなどの費用がかかる場合がある。

4-3　独自ドメイン店支援サービス

● ショップの規模や必要機能からショップ構築の方法を選択する

　各種のネットショップ構築方法があり、規模、必要な機能、個別カスタマイズの範囲、集客サービス、サポートやノウハウ提供、初期投資、継続利用料など、また将来の成長を鑑みて自社に適したサービスを選ぶ。

● ショップ構築ASP（小～中規模店向き）

　「ネットショップ構築のツール」をASP型で提供するサービスで、レンタルカートなどともいい、各社それぞれに特色がある。基本的には運営機能のカスタマイズはできない。2012年頃から、無料で利用できるネットショップ構築サービスが登場し、活用が進んでいる。初期投資、月額利用料ともに無料のものから数万円程度のものがある。ショップの機能の充実度、電話などによるサポートやノウハウ提供の充実度、集客機能の充実度などによって、大きく3つに分類できる。

■高機能型（集客機能やノウハウ提供がある）
　　・ショップサーブ
　　・makeshop

■インスタントEC
　　・BASE
　　・STORES

■SaaS総合型
　　・Shopify
　　・ebisumart（エビスマート）
　　・futureshop
　　・メルカート

■コストパフォーマンス型（月々数百円からの低料金で利用可能）
　　・カラーミーショップ
　　・おちゃのこネット

ASP
37ページ参照。

その他の特色あるASP
「たまごリピート（旧たまごカート）」
頒布などの継続購入専門通販システム

その他の高機能型
・e-shops カート S

● オープンソース型（小～中規模店向き）

　高機能なソフトを無償でダウンロードして利用できるが、レンタルサーバーの費用は発生する。インストールや設定、デザインの変更やカスタマイズ、機能追加などの開発を行わなければならないため、通常は制作会社またはシステム構築会社を介して利用することが多い。オープンソース自体の初期費用、運用費用はかからないが、その他のシステム費用、サーバー運用費用が継続してかかる。

・EC-CUBE
・Zen Cart
・CS-Cart
・osCommerce
・Magento

● EC構築パッケージ（中～大規模店向き）

　「ネットショップ構築ツール」の基本のソフトウェアパッケージを購入（入手）し、デザインや運営機能を改修、開発して使う。ライセンス料、サーバーやシステムの運用費用が継続してかかる。基本的に集客機能やノウハウ提供はなく、自力で解決できる中規模以上の店舗で利用することが多い。

■有償型（中規模～大規模店向き）

　デザインも機能もカスタマイズ性が高く、大規模店でも対応可能。
　初期設定や構築は、パッケージ開発会社に委託するため、初期投資は数十万円から数百万円程度。月額費用は数万円から。オープンソース型のソフトをカスタマイズして自社サービスとして提供しているケースもある。ライセンス料を含むシステム運用費用が継続して必要。

・ecbeing
・エルテックスDC
・EC-ORANGE
・SI Web Shopping
・コマース21（大規模店向け）

● ヘッドレスコマース

　ネットショップ（ECサイト）のフロントエンドとバックエンドを分離したアーキテクチャをヘッドレスコマースという。フロントエンドとは、お客様が直接見るWebサイトやアプリのことで、商品データや在庫管理、受注管理、決済など、運営者が扱うシステムがバックエンドである。

　フロントエンドとバックエンドを分離することで、それぞれを独立して開発・運用できるため、デザインや機能の自由度が高く、顧客のニーズに合わせて、さまざまなデバイスやサービスに対応したオリジナリティのあるECサイトを構築できる。顧客の利便性を高めるためにフロントエンドをモバイルアプリやSNSなどのデバイスやサービスと連携させたり、複数のECサイトを効率的に運営するためにバックエンドシステムを共通化したりするなど、カスタマイズが柔軟で、将来的な拡張や変更にも対応できる。

　ヘッドレスコマースは、顧客のニーズや事業の成長性に合わせて、柔軟なECサイトを構築したい場合に適しているが、フロントエンドとバックエンドの連携には、APIの開発やそれぞれの運用が必要なため初期費用や運用コストが高くなる可能性がある。

● フルスクラッチ（スタートアップや特殊なビジネス、大規模店向き）

　自社のエンジニアによる開発やシステム開発会社にゼロから開発を依頼する。初期投資は数百万円から数億円とピンキリだが、システム要件や独自システムを継続的に保つためのシステム環境や体制構築、ウォーターフォール型・アジャイル型の開発手法などの見極めが重要となる。ゼロから独自のシステムとして構築しているため、ベンダーロックのリスクがあり、継続的な保守対応が必要となる。特に近年はシステム開発会社の担い手不足の観点からも、継続的な保守や開発が可能なのかは充分に注意しなければならない。

ベンダーロック
特定のベンダーに依存してしまう状態。情報システムやソフトウェア開発だけでなく、あらゆる分野で起こり得る。また（ベンダーロックによって）他のベンダーへの乗り換えが困難になってしまう状態をベンダーロックインという。

4-4 ┃ モバイルショッピングサイト

● ネットショップ＝モバイルショッピング

　モバイルショッピングサイト（以下、モバイルショップ）とは、スマートフォン、タブレットなどモバイルデバイスのネット接続環境を利用したネットショップのことである。スマートフォンの普及や通信網やwi-fiが充実したことで、利用者は年齢、性別、地域にかかわらずネットショップ運営のメインと位置づけられる。ネットショップを始めるなら、モバイルでの見せ方や集客を中心として考えなければならない。

　実際のところ、モバイルショップやスマートフォンアプリ経由の売上が大半占めるというのが一般的である。また安価にスマートフォンアプリを提供できるサービスが出てきているため、中小規模店でもアプリ提供が増え始めている。また、ショールーミングやWebルーミングなど、実店舗との使い分けをする顧客行動は当たり前になっている。

● モバイルショッピングサイトでの購買動向

　ネットショップの売上はモバイルショップが担っており、モバイルでの最適化や表示速度が検索エンジンの検索結果表示に影響すると言われている。スマートフォンやタブレットは「ながら利用」「集中利用」の両方が生活環境のタイミングによって使い分けられる。また、同じデバイスであってもスマートフォンアプリの表示箇所や通知のON・OFFはユーザーごとに異なり、サイト来訪以前のマインドシェアも影響するようになっていると考えられる。一方で、モバイルショップは表示できる画面サイズが決まっているため、直感的に目に留まる・伝える必要がある。さらに、サイト表示速度やサイト内の検索性が使い勝手の鍵になっている傾向にある。

　その他に、モバイルショップは実店舗やテレビ等との連携が可能であったり、SNSで気になった商品をスムーズに探すことが容易に可能である。モバイルショップとしての表現・集客だけでなく、お客様のタイミングや用途、心理などを複合的に考慮することが重要になっている。

● スマートフォン、タブレットへの対応

　Googleがモバイルフレンドリーサイトを優遇するアルゴリズムを段階的に強めていくことを公式にアナウンスするなど、ショップサイトのモバイル対応は急務である。モバイル対応には、リキッドレイアウトな

ショールーミング
お客様が店舗で商品を確認し、その商品をその場で購入せずに、比較・検討し、安価で販売しているネットショップなどで購入する購入形態、購買行動のこと。

モバイルフレンドリー
Googleが検索結果のランキング要素に用いている評価基準。Webサイト・Webページをスマートフォンやタブレットなどのモバイル端末での表示に最適化すること。

リキッドレイアウト
Webデザインにおいて、Webページの表示領域の幅がある程度変更されても従来のレイアウトを維持できるようにする手法のことである。複数の列（コンテナ）を持つWebページを作成する際には、一般的には、各列の幅がピクセル数（px）などによって固定的に指定される。

どを利用したレスポンシブWebデザインと、それぞれのデバイスごとにレイアウトを制作し、アクセスを振り分ける方法とがある。

レスポンシブWebデザイン（RWD）
同一のURLとコードを使用しながら、使用されるデバイスの画面サイズに応じて表示のみを調整（「レスポンシブ」）することを指す。

● 構築方法

　モールや独自ドメインショップ構築ツールのどちらも、モバイルショップの全てのコンテンツを、デバイスごとに最適化して表示する機能が搭載されているのが一般的になっている。また、スマートフォンアプリを提供している場合は、検索エンジンの検索結果をタップすると、アプリが開くようになっているケースが多い。一方で、モバイル独自のデザインを実装可能なネットショップ構築ツールや、PCサイトをモバイル表示するためのツールも存在している。モバイルショップに特化して、最適化表示が可能かどうかは、モールやネットショップ構築ツールのシステムに依存するケースが多いことから、出店やツールの選定段階から理解する必要がある。また、構築はPCで行うのが主なので、必ずモバイルサイトの表示を確かめながら構築を進めることが重要である。

● 販促活動

　基本的には、モバイルショップを中心に販促を展開する方がよい。その場合、画面の大きさや通信速度等の制限からくるお客様の行動・心理を意識しながら、さまざまな販促方法、広告を検討して活用する。また、モバイル販促は実店舗やSNS、テレビ等との連動性がよく、既存小売事業者はお客様のタイミング・心理を考慮して積極的な活用が必要である。

■リスティング広告・商品リスト広告など

　運用自体はPC、スマートフォン、タブレットで大きな変わりはない。一方でモバイルショップが主軸であること同様、広告はモバイル側での表示や数値を注視する必要がある。商品リスト広告を実施するには、システム側で商品フィードを送信することが一般的だが、これには特定のツールやネットショップ構築ツールに備わっているものを利用する。Googleにおいては、あらゆるチャネルの広告枠に対して自動で最適化配信できるP-MAXキャンペーンの利用が増えてきている。

■SNS広告

　SNSの利用もモバイルが中心になっているため、SNS広告もモバイル主体での配信設計と運用が必要になっている。InstagramやFacebookなどのMeta広告、LINE、X（旧Twitter）の広告が主に利用されるが、近年はTikTokやYouTubeを使った認知目的の広告も増えている。また、SNS側のコンテンツとして画像だけでなく動画も主流になっているため、広告においても動画配信が必要とされる。

■SEO対策

PC向けと変わらない部分もあるが、Googleなどの検索エンジンサイトは、スマートフォン利用に最適化されたサイトがモバイルでの検索結果で優遇されやすくなるよう変更した。PC向けの画面しか用意していない場合は、検索結果の順位は低く表示されるということで、デザインや画面サイズのモバイル対応自体がSEO対策となっている。

■二次元コード・ビーコン・NFC

商品のパッケージ・下げ札、ショップカード、雑誌・カタログ・DM、実店舗のPOP等に掲載して、モバイルショップに誘導するのに有効な手段の1つである。一方で読み込む手間があるのでビーコンやNFC（近距離無線通信）を使って、通知や特定のURLに遷移する手段がでてきている。

二次元コード
1994年に株式会社デンソーウェーブが開発した二次元コードの方式の一つ。スマートフォンのアドレス読み取り機能として使われている。QRコードは株式会社デンソーウェーブの登録商標。

■メールマガジン・LINE公式アカウント

リピート購入獲得のために最重要の販促活動。モバイルショップの位置づけ同様、メールマガジンに関してもモバイルが主体になっている。そのため、すき間時間での利用など、お客様の活動時間帯を考慮して配信時間を最適化することが必要である。例えば、朝の通勤通学での電車による移動中や、昼休み、帰宅途中、就寝前などが挙げられる。件名が重要だということはPCと変わりないが、表示される文字数が少ないため簡潔に伝えられるよう工夫する。

またLINE公式アカウント運用もCRM活動として一般化している。メールマガジンと比較すると、長文が読まれづらいため直感的に訴求するための画像（リッチメッセージ）配信が多い。メニューやチャットなどLINE公式アカウント特有の機能や、API連携による他ツールの活用や会員証機能など活用の幅が広がってきている。

■アプリ

オンラインモールにおいてはアプリ経由の売上が主軸になっているため、アプリでの見せ方を注視し改善をするとよい。独自ドメイン店の場合は、アプリ構築ツールの導入が必要である。初期費用、月額ともにピンキリで、お客様にアプリを通じてどのような体験を提供するか、それにどのような機能が必要かの検討が必須である。また、プッシュ配信や必要であればアプリ独自の更新などの運用も必要なため業務は増えることになる。

また、LINEが提供するLINEミニアプリを使うことで、LINE内に自社アプリに近いものを構築することも可能になっている。アプリダウンロードのハードルが下がるメリットはあるが、機能や表現は限定される。

スマートフォンアプリ・LINEミニアプリどちらにしても、複合的にメリット・デメリット、費用対効果を考え、導入目的と提供できる付加価値を明確にした上で、導入を検討するとよい。

その他のネットショップ支援サービス

● その他のネットショップ支援サービス

ここまで紹介したネットショップ支援サービス以外にも、さまざまなサービスが各企業から提供されている。目的は大きく分けて、売上アップと業務効率改善の2つ。以下にその他のサービスを紹介する。

■多店舗運営ツール

多店舗運営の業務効率改善を目的としたサービス。モール店（複数の場合も）や独自ドメイン店を併設する際に、全店舗の商品在庫数を連動させる機能や受注情報の一括処理、商品情報の連携・商品ページ一括アップロードなど、サービスごとにさまざまな機能が提供されている。最近は、越境ECにも対応したツールや、物流の運用をセットにしたツールのように機能特化型もある。

・CROSSMALL（アイル）
・ネクストエンジン（ハミィ）
・ロジレス

■レコメンドエンジン（レコメンド機能）

お客様の行動履歴（閲覧など）や購買履歴などから、個別におすすめの商品やサービスを提示する仕組み（Amazonショップでの「この商品を買った人は、この商品を買っています」など）。応用として、メールシステムと連携したレコメンドメール配信や、提供サービスの一環として、閲覧履歴表示やランキング表示機能を持つ場合もある。

・NaviPlusレコメンド（ナビプラス）
・Rtoaster（ブレインパッド）
・さぶみっと！レコメンド（イー・エージェンシー）
・アイジェント・レコメンダー（シルバーエッグ）

■宅配便用送り状発行ソフト

自社から商品を送る際に必要な、送り状の記入の効率化を目的としている。大手宅配各社から提供され、受注データを取り込んで送り状を一括印刷することができる。有料と無料の場合があるため、導入時は確認が必要。

・B2クラウド（ヤマト運輸）
・e飛伝Ⅲ（佐川急便）
　※Web上で送り状を作るサービス
・ゆうパックプリントR（日本郵政）

・Webゆうパックプリント・ゆうパックプリントSky（日本郵政）

　※Web上で送り状を作るサービス

・カンガルー・マジックⅡ（西濃運輸）

■アクセス解析ツールおよび広告効果測定ツール

　アクセス解析ツールは、アクセス量やサイト内での行動などを測定し、ユーザー動向やニーズを分析、推定するもの。 SEO対策、サイト自体や掲載コンテンツの改善材料とする。広告効果測定ツールは、リスティング、バナー、アフィリエイトなど、ネット広告の効果を測定するもの。

　2つは似た部分が多く、両方の機能を備えるものも多い。うまく使うことで、効率的で効果的な費用計画・予算化にも利用することができる。

・Googleアナリティクス（GA4）（google）

　※無料

・アドエビス（イルグルム）

・User Insight

・Adobe Analytics（旧サイトカタリスト）

　※大企業向き

SEO
154ページ参照。

Googleアナリティクス
217ページ参照。

■EC専門人材サービス

　一般の人材紹介会社や派遣会社でも探すことはできるが、専門でネットショップ事業者向けに店長経験者や商品ページ制作経験者などを派遣、または部分的に業務委託する会社、フリーランスとマッチングする会社などもある。

○**人材マッチングサービス：**

・ランサーズ

・クラウドワークス

・ECのプロ

・みらいワークス

○**大手人材紹介会社：**

・ジェイ エイ シー リクルートメント

・パーソルキャリア

・リクルート

■物流・配送代行（フルフィルメント）

　物流業務（小口物流センター業務）、フルフィルメントともいい、在庫管理、受注情報にともなう商品ピックアップ（ピッキング）、梱包、発送の一連の業務を行う。商品により得意不得意があるので、特徴を調べて発注をする。

○**大手サービス会社**

・ヤマト運輸

・佐川グローバルロジスティクス

- JP楽天ロジスティクス（楽天スーパーロジスティクス）
- フルフィルメント by Amazon（FBA）
- 西濃運輸
- 日本通運

○ネットショップ特化型
- イー・ロジット
- アッカ・インターナショナル　　　　など

■配送

　倉庫からお客様に届けるために小型商品は一般的に宅配便を利用する。大手3社（佐川急便、ヤマト運輸、日本郵政）が多くを占めている。その他、西濃、OK便、西武、エコ配などもある。大型商品は宅配便では送付できないので、配送会社に相談し適切な配送方法を提案してもらう。

■ささげ

　採寸・撮影・原稿の頭文字を取ったネットショップ専門用語で、採寸、商品写真撮影、原稿（商品情報・説明文）作成の作業を指す。外部の専門サービス会社もあり、発注する場合は自社の商品カテゴリが得意な専門会社かを調べる。
- アッカ・インターナショナル
- ささげ屋
- ダイアモンドヘッド

■決済

- クレジットカード（決済代行会社経由）
- 代金引換（配送会社の提供）
- コンビニ後払い
- Amazon Pay
- PayPay
- 楽天ペイ
- ペイディ
- Apple Pay　　　　など

■ソーシャルログイン

- ソーシャルPLUS
- Loghy

■Web接客ツール・チャットツール
○Web接客
- KARTE
- Repro Web
- Flipdesk
- MATTRZ CX
- Sprocket　　　など
○チャットツール・チャットボット
- チャネルトーク
- Chat Plus（チャットプラス）
- BOTCHAN　　　など

■レビューツール
- ネット構築ツール標準機能
- ReviCo
- U-KOMI
- YOTPO　　　など

■サイト内検索エンジン
- ネット構築ツール標準機能
- ZETA SEARCH
- GENIEE SEARCH（旧probo）
- goo Search Solution　　　など

■マーケティングオートメーション
- b→dash
- カスタマーリングス
- EC Intelligence
- klaviyo
- Cross-Channel Marketing Platform
- Salesforce Marketing Cloud　　　など

■LINEマーケティングツール
- Lステップ
- L Message
- Liny
- WazzUp！
- Ligla
- Crescendo Lab　　　など

■WMS

・LOGILESS

・ロジザード ZERO

・ONEsLOGI

・W-KEEPER　　　など

■画像加工ツール

・Photoshop

・Canva

・Figma

・Adobe Express　　　など

WMS
Warehouse Management System
の略称で、物流における一連の
作業（入出荷、在庫管理、帳票
類の発行、棚卸など）を一元的
に管理する「倉庫管理システム」
を指す。在庫のリアルタイム管
理や作業時間の短縮、生産性向
上に役立つ。

5章

ネットショップ実務の共通知識

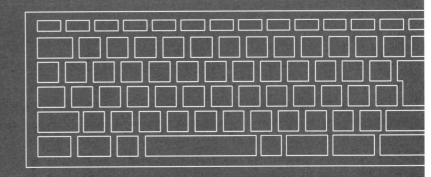

5-1 | インターネットに関連する法律の動向

● インターネットに関連する法律

　今やインターネットは社会の隅々にまで浸透しており、特にネットショップをはじめとしたインターネットの商用利用は、一層進展している。しかし、それに伴いさまざまなトラブル、問題が増加していることも事実である。この状況に対処するため、各種法律の整備も行われている。以下では、インターネットに関連する近年の法改正などのうち、主なものを簡単に解説する。

● 消費者保護

●特定商取引法の改正（2022 年 6 月 1 日施行、2023 年 6 月 1 日施行等）

　ネットショップを含む通信販売においては、販売条件に関する一定の事項の表示等が義務付けられているところ、その表示等をすべき事項が追加されたほか、申込画面（最終確認画面）において、商品等の分量、販売価格、代金の支払時期・方法、商品の引渡時期等を明記することが義務化された。また、クーリング・オフの通知や契約書等について電子メール等によって行うことが可能となった。

●消費者契約法及び消費者裁判手続特例法の改正（2023 年 6 月 1 日施行等）

　オンラインビジネスの増加とともに、消費者トラブルも増加していることを踏まえ、契約の取消権を行使できる対象となる、事業者側の不当行為の類型が追加された。また、利用規約や契約書等において、事業者の免責範囲が不明確である条項（事業者に軽過失がある場合には免責されない旨を明確にしていない条項等）は無効とされることになった。さらに、消費者団体を通じた権利救済がより実現されやすくなるよう、所要の改正がなされた。

● ステルスマーケティング規制

●景品表示法に基づく新たな告示（2023 年 10 月 1 日施行）

　対価を支払って宣伝してもらう等、実質的には事業者自身による広告・宣伝であるにもかかわらず、インフルエンサー等にそれを伏せて商品の宣伝をしてもらうような、いわゆるステルスマーケティングが規制されることとなった。事業者が第三者に対して当該第三者の SNS 上や口コミサイト上等に自らの商品等についての宣伝をさせる行為や、EC サ

イトに出店する事業者が、いわゆるブローカー（レビュー等をSNS等において募集する者）や自らの商品の購入者に依頼して、当該ECサイトにおいて好意的なレビューを書いてもらう行為について、広告・宣伝であることを明示せずに行わせることが禁止されることとなった。

● 権利者保護（著作権者等）

●著作権法の改正（2021年1月1日施行）

　従前、音楽や映像の違法ダウンロード（違法にアップロードされた海賊版等のダウンロード）は違法とされていたが、漫画や書籍、論文、コンピュータプログラムについては対象となっていなかった。この改正により、それらを含む著作物全般について、違法にアップロードされたものであることを知りながらダウンロードすることが違法とされた。

　また、違法コンテンツへのリンクを集約したリーチサイトを運営すること等も、刑事罰の対象とされることとなった。

●不正競争防止法の改正（2024年4月1日施行）

　不正競争防止法は、「他人の商品の形態を模倣した商品を譲渡や貸し渡し等する行為」を不正競争として違法としていたところ、これについて、デジタル空間（メタバース等）における模倣商品の提供行為も不正競争の対象となるよう、法改正等がなされた。

● 誹謗中傷対策

●プロバイダ責任制限法の改正（2022年10月1日施行）

　SNSを含めたインターネット上で誹謗中傷がなされた場合において、被害者側が損害賠償請求を行うためには、まず、加害者の情報（当該投稿をした発信者の氏名や住所等）を特定することが必要であるところ、その開示を受けるための手続きの負担が大きいことが問題となっていた。法改正により、これを簡易迅速に行えるようにするための手続きが新設された。

●刑法の改正（2022年7月7日施行）

　インターネット上での誹謗中傷行為も対象となる侮辱罪の法定刑については、従前、「拘留又は科料」とされていたところ、法改正により、「1年以下の懲役若しくは30万円以下の罰金又は拘留若しくは科料」へと、法定刑の引き上げ（厳罰化）がなされた。

● 個人情報の保護

●個人情報保護法の改正（2022年4月1日施行）

　個人情報の利活用の態様等が多様になっていく中で、個人の権利利益の保護を一層図るために、不適正な方法による個人情報の利用禁止や、

一定の規模以上や一定の内容に係る個人情報の漏えい等が発生した際における国への報告及び本人への通知の義務化、本人からの開示請求等の対象範囲の拡大、請求の要件緩和等が定められた。

なお、ガイドライン等も改正されており、個人情報の利用目的を分かりやすく特定することが一層求められるようになっている（例えば、プロファイリングを行う場合にはその旨を公表等しなければならない）。

● Cookie 規制

●電気通信事業法の改正（2023 年 6 月 16 日施行）

Webサイトやアプリを利用してサービスを展開している事業者が、広告配信のカスタマイズ等のために、当該Webサイト等の閲覧者の情報を第三者に送信することとしている場合、どのような情報を、誰に送るのか等、一定の事項を閲覧者が容易に知り得るようにしておかなければならない。チャット機能があるものや、SNS、検索サービス、ニュースサイト・まとめサイト等は当該規制の対象になるが、自社商品をオンライン販売するためのホームページは対象とならない。

● 利用規約等に関する規制

●民法の改正（2020 年 4 月 1 日施行）

民法が改正され、利用規約等が対象となる、定型約款に関する規制が新設された。利用規約に基づく合意や、利用規約の変更の効力等は、この定型約款に関する規制によって規律されることになる。

● プラットフォーマー規制

●デジタルプラットフォーム取引透明化法の成立（2021 年 2 月 1 日施行）

経済産業大臣から指定を受けた大規模なデジタルプラットフォーム（オンラインモールやアプリストア、広告プラットフォーム等）を提供する事業者に対して、取引条件等の情報の開示や、取引の公正さを確保するための自主的な手続・体制の整備等を義務付けた。

●取引デジタルプラットフォーム消費者保護法の成立（2022 年 5 月 1 日施行）

オンラインモール等の取引デジタルプラットフォームを提供する事業者に対して、消費者がそこに出店する個別の販売業者に円滑に連絡することができるようにする措置や商品等の表示の適正さを確保するための措置等を講ずる努力義務を課したほか、直接損害賠償を行えるようにするために、消費者が販売業者等の情報の開示を請求できる権利が創設される等した。

5-2　商取引に関する法規
（すべてのネットショップに関連する主な法規）

● 知的財産権

　ネットショップを運営するうえでは、多くの法律と向かい合う必要がある。関連する主な法律について順次解説していく。まずは知的財産権について勉強する。

　知的財産権とは、知的な創作活動によって何かを創り出した人に与えられる、創作物を他人に無断で利用されない権利のこと。「知的所有権」と呼ばれることもある。知的財産権は、下の表のようにさまざまな種類の権利に分類される。

知的財産権の種類

産業財産権………特許権、実用新案権、商標権、意匠権

著作権…………著作財産権、著作者人格権、著作隣接権

その他の権利……不正競争防止法による権利、種苗法による権利、
　　　　　　　　　肖像権・パブリシティ権等

　ネットショップのサイト作成時には、さまざまな文章や画像等を掲載するが、このとき、他人が作成した文章や画像を使うと、著作権等を侵害する可能性がある。侵害すれば刑事罰が課せられる可能性がある。

　ここではネットショップ運営時、特に注意しなければならない知的財産権について解説する。

■商標権

　商標とは、文字、図形、記号、立体的形状やこれらの組み合わせ、これに色彩を加えたマークで、事業者が「商品」または「役務」について使用するものをいう。動き商標、ホログラム商標、色彩のみからなる商標、音商標及び位置商標といったものもある。

　このようなマークを財産として保護するのが商標権である。そのため、商品のマークやサービスを無断で使うと、商標権侵害となるおそれがある。

参考
特許庁HP
商標制度の概要も参照。

■意匠権

　商品のデザイン等を保護する権利。オリジナル商品を作成する際、既

参考
特許庁HP
意匠の登録制度の概要も参照。

存商品のデザインを模倣すれば、意匠権侵害となる可能性が高い。

■著作権

　文章や写真、イラスト、音楽等の「著作物」については、それらを創作した著作者に対して、著作権が認められている。この権利は著作物を創作した時点で自然発生する。著作権の保護期間は、原則として著作者の生存期間およびその死後50年間である。

　著作物は「思想または感情」を表現したものであることが必要である。サイト制作時に許可なく使用すると、著作権侵害に当たる。

　他方、商品カタログに記載されている仕様や機能等の記述は、単なる事実の記載であり、思想、感情を表現したものとはいえないものが多く、それらを許可なく掲載しても問題はないと考えられる。

　なお、著作物を利用したい場合は、原則として著作権者の許諾を得る必要がある。ただし、以下の場合は「引用」として、著作権者の許諾なく利用できると考えられている。

> **引用として認められる条件**
>
> (1) 引用の対象となる著作物が「公表」されている物であること。
>
> (2) 引用の目的上正当な範囲内であること（引用の必要性、引用の量・範囲が必要な範囲内か、引用方法が適切か）
>
> (3) 引用して利用する著作物と、引用されて利用される著作物を明瞭に区別して認識することができること（具体的には、カギカッコをつける等）。
>
> (4) 引用して利用する著作物が「主」で、引用されて利用される著作物が「従」の関係にあること。
>
> (5) 引用されて利用される著作物の出所を表示すること。
>
> (6) 引用部分に修正を行わないこと。

　なお、写真画像には、著作権がもちろんあるほか、法律で明確に規定されている権利ではないが、「肖像権」と「パブリシティ権」といった権利も存在する。裁判では、この権利を認める判決が出ているため、ネットショップで写真画像を使う場合は注意を要する。

■肖像権

　有名、無名を問わず、他人の姿が映った写真の無断使用は肖像権侵害になり得る。そのため、映っている本人の許諾が必要である。

■パブリシティ権

　タレント等の有名人の氏名や肖像には「人を引き付ける力（顧客吸引

参考
文化庁HPも参照。

著作物
著作物の例としては「言語の著作物」「音楽の著作物」「美術の著作物」「建築の著作物」「地図・図形の著作物」「映画の著作物」「写真の著作物」「プログラムの著作物」等がある。

著作権の保護期間
保護期間は、原則として、著作者の「生存している期間＋死後70年間」である。
無名または変名の著作物、団体名義の著作物の著作権、映画の著作物の著作権は、公表後70年まで保護される。
なお、映画を除くこれらの著作物の保護期間は、従前50年であったものが著作権法の改正により70年になったものであるところ、改正法の施行日である2018年12月30日の前日において、すでに50年の経過により保護が切れていたものについては、保護は復活しない。

著作権侵害
著作権侵害の罰則規定としては、被害者の告訴を前提として10年以下もしくは1,000万円以下の罰金またはこれらが併科されるといったものがある。
法人については最大3億円の罰金が科されうる。

著作権者
著作権という権利を保有している者。著作物を制作したもの（著作者）と多くの場合は同一。

パブリシティ権についての考え方
①肖像等それ自体を独立して鑑賞の対象となる商品等として使用する場合②商品等の差別化を図る目的で肖像等を商品に付す場合③肖像等を商品の広告として使用するなど、もっぱら肖像等の有する顧客吸引力を目的とするといえる場合に違法になると考えられている（最高裁H24.2.2判決 ピンクレディー事件）。

力)」があり、そこから得られる経済的利益ないし価値を独占できる権利のことをパブリシティ権という。無断で有名人の氏名や肖像を活用すると、パブリシティ権侵害となるおそれがある。

● 特定商取引法（特定商取引に関する法律）

消費者トラブルが生じやすい特定の商取引を対象とした法律。同法では、ネットショップ事業者に対し、ホームページ上で「販売事業者名」「業務責任者の氏名」等の表示をさせることを義務付けている（130ページ参照）。

また、同法では、申込画面（最終確認画面）において、顧客が購入しようとしている商品の数量や価格等を表示させることも義務付けられている（134ページ参照）。

なお、同法では「電子メール広告」についても規制している。事業者から消費者にメール広告を送信する場合は、事前に承諾をとる必要がある（オプトイン規制）。ただし「消費者からの請求や承諾を得て送信するメールの一部に広告を掲載する場合」「消費者に対し、契約の内容や契約履行に関する事項を通知するメールに広告が含まれる場合」等は、規制の対象外となる。

参考
消費生活安心ガイド
特定商取引に関する法律の解説
（逐条解説）も参照。

● 特定電子メール法（特定電子メールの送信の適正化等に関する法律）

メールマガジンを含め、広告宣伝メールを送る場合、原則として、相手から事前に承諾を取る必要がある（オプトイン規制）。ただし、名刺などの書面により電子メールアドレスを通知されている場合や、契約や取引の履行に関する事項を通知する電子メールに付随的に広告宣伝がある場合等は、規制の対象外となる。

また、広告宣伝メールには、受信拒否の通知ができる旨や、当該通知を行う先の電子メールアドレスまたはURL、当該広告宣伝メールの送信者の氏名・名称など、一定の事項を記載しなければならない。

● 個人情報保護法（個人情報の保護に関する法律）

ネットショップでは「アクセスログ」「購入履歴」「クレジットカード情報」「顧客データ」等の情報を取り扱うが、これらのうち個人を特定できる情報は個人情報に当たる。ネットショップで扱うほとんどの情報が個人情報を含むといっていい。

個人情報保護法は、個人情報を扱う事業者（個人情報取扱事業者）に対し、その情報を安全に管理することを義務付けている。

また、同法では、個人情報の利用目的を特定するよう規定しており、利用目的から外れた個人情報の使用を禁止しているほか、その利用目的

参考
消費者庁HP「個人情報の保護」
も参照。

個人情報取扱事業者
義務の対象となる「個人情報取扱事業者」とは、個人情報データベース等を事業の用に供している者（民間部門）をいう。

の本人への通知又は公表も求められている。個人情報の利用目的などを記載したプライバシーポリシーをサイト上に掲載するのも、この利用目的の公表のためである。なお、単に「事業活動に用いるため」、「マーケティング活動に用いるため」といった記載では不十分とされている。さらに、法律に定められた場合等を除いて、あらかじめ本人の同意を得ないで第三者に個人情報を提供することは禁止されているほか、一定の規模以上や一定の内容に係る個人情報の漏えいなどが発生した場合には、国への報告及び本人への通知を行う必要がある。

なお、人種、信条、社会的身分、病歴、前科、犯罪被害の事実等、その取扱いによっては差別や偏見を生じさせるおそれがあるため、特に慎重な取扱いが求められる記述等を含む個人情報は要配慮個人情報として、より厳格な取扱いが必要とされている。

参考
個人情報保護委員会の法令・ガイドライン等も参照。

参考
経済産業省HPも参照。

● 電子契約法（電子消費者契約に関する民法の特例に関する法律）

民法では、契約について「申し込みの意思表示」と「承諾の意思表示」の合致により成立すると規定している。例えば、実店舗でジュースを買う場合、購入者が「ジュースを100円で売ってください」（申し込みの意思表示）と発言し、実店舗が「いいですよ！」（承諾の意思表示）と発言すれば、購入者と実店舗との間に「ジュースを100円で売買する」という契約が成立する。この契約は口頭でも成立する。

この点、ネットショップは実際の店舗と違って、隣のボタンと間違えて契約申込みのボタンを押してしまうといった事態が十分に起こりうる。

そのように、錯誤（勘違い）があった際において、購入者が契約を取り消したい場合、民法は、購入者に「重大な過失」がなかったことを必要としているが、この電子契約法は、インターネット上での申込みについては、錯誤（勘違い）があった際、購入者に重大な過失があっても取消しを可能としているのである。

ただし、「注文」などのボタンを押した後、注文内容の確認画面が表示され、もう一度注文ボタンが押された時点で契約が成立するような措置が設けられていれば、民法の原則どおり、購入者に重大な過失がない場合にのみ取消しが可能となる。

ネットショップにおいて、「操作を間違えた」といった理由で事後的に取消しされるのを避ける観点からは、注文内容の確認画面を設けることが適当であろう。購入者とのトラブルを避けるためにも有益である。

● 景品表示法（不当景品類及び不当表示防止法）

参考
消費者庁 HP も参照。

■景品に対する規制

ネットショップでは、商品の購入者や見込み客に対して「商品プレゼント」等のイベントを開催することがある。このとき、プレゼントが豪華すぎると、消費者は商品ではなく、プレゼント目的で購入することも考えられ、結果として、質の悪い商品や法外に高い商品を買ってしまう危険性がある。そこで、景品類の「総額」や「最高額」が規制されている。

景品表示法における「景品類」とは「顧客を誘引するための手段として、事業者が自己の供給する商品・サービスの取引に付随する物品、金銭そのほかの経済上の利益」のことを指す。ネットショップにおけるプレゼントキャンペーンは、すべて「景品類」と考えられる。

提供できる景品類の限度額等

（1）懸賞

くじやクイズ、ゲームの優劣等の偶然性、特定行為の優劣等によって景品類を提供する方法のこと。

「1,000円以上お買い上げの方から抽選で10名様に△△をプレゼント！」等がこれにあたる。景品の上限は、取引価格に応じて次のように定められている。

取引価格	景品類の最高額	景品類の総額
5,000円未満	取引価格の20倍	売上予定総額の2%
5,000円以上	10万円	同上

（2）共同懸賞

商店街や同業者等、複数事業者が共同で景品類を提供する方法のこと。景品の上限は次のように定められている。

最高額	総額
取引価格にかかわらず30万円	懸賞に係る売上予定総額の3%

（3）総付景品

「1,000円以上お買い上げの方にはもれなく△△をプレゼント！」のように、上記の懸賞によらないで景品類を提供する方法のこと。景品の上限は、取引価格に応じて次のように定められている。

取引価格	景品類の最高額
1,000円未満	200円
1,000円以上	取引価格の2／10

（4）オープン懸賞

　商品・サービス購入や来店などを伴わずとも誰でも応募できる懸賞。このような懸賞には、景品規制は適用されない。

■表示に対する規制

　景品表示法では、誇大・虚偽等の不当表示も禁止されている。

> ・不当表示の種類
> ∙∙
> (1)実際のものより、または他の事業者のものより著しく
> 　　優良であると誤認される表示。（優良誤認表示）
> (2)実際のものより、または他の事業者のものより著しく
> 　　有利であると誤認される表示。（有利誤認表示）
> (3)その他、一般消費者に誤認されるおそれがあるとして内閣総理大臣
> 　　が指定する指示。

参考
「二重価格」「実証性」について
・二重価格……「当店通常価格3,000円の商品が980円！」といった表示。その店での販売価格とは別に、参考となる別の価格（比較対照価格）を同時に表示することを「二重価格表示」という。この二重価格表示は、それが適正に行われていれば問題はないが、根拠のないものや不合理なものだと、販売価格が実際以上に安くなっているとの誤解を消費者に与えることになり、景品表示法上違反となる。
・実証性……優良性をアピールしている場合や、「A商品よりも優秀」といった比較広告を行う場合は、具体的な検証結果等、裏付けとなる合理的な根拠資料をあらかじめ準備しておくことが求められる。

5-3 | 商材に関する法規
（取扱商品によって適用される主な法規）

● 古物商の許可

古物を売買、交換する営業（古物営業）には、古物営業法により都道府県公安委員会の許可が必要である。古物商許可証取得の手続きは警察署で行う。法人で必要になる書類は以下のとおり。

※以下は東京都の場合（警視庁HP参照）。必ず警察署の担当部署に確認すること。

1．法人登記事項証明書
2．法人の定款（「古物営業を営む」旨の記載がある）
3．本籍（外国人の場合は国籍等）が記載された住民票の写し（3～6は役員全員と営業所の管理者の分が必要）
4．身分証明書
5．略歴書
6．誓約書
7．URLの使用権限があることを疎明する資料（該当する営業形態のみ必要）

古物商の許可
使わなくなった私物を売るような場合には許可は要らない。

古物商の窓口
古物商の担当は、都道府県によって「防犯係」「生活安全課」「保安係」など部署が異なることがあるため、警察署に担当部署を確認したうえで手続きを行う。

無許可営業の罰則
3年以下の懲役又は100万円以下の罰金

● PL法（製造物責任法）

製品の欠陥によって生命、身体または財産に損害を被った場合に、被害者が「製造者」に対して損害賠償を求めることができる法律。

商品の欠陥により、使用者がケガを負ったりした場合に、PL法が適用される。法律では「製造者」を次のように定めているため、ネットショップ側が責任を負うケースもある。

PL法
PLとは「product liability」の頭文字を取ったもの。

参考
消費者庁HPも参照。

> **【製造者とは】**
> ●製造、加工、輸入した者。
> ●当該製造物に、氏名、商号、商標等を、製造者として表示した者、又は当該製造物にその製造業者と誤認させるような氏名等の表示をした者。
> ●製造、加工、輸入、販売の事情からみて、当該製造物にその実質的な製造者と認めることができる氏名等の表示をした者。

例えば、手づくり品や加工品、業者に製作を依頼した自社ブランドの製品、そして輸入品等において、それらの商品の欠陥が原因で、お客様

が損害を受けた場合、ネットショップの責任になりうる。

　なお、ここでいう「欠陥」とは、通常有するべき安全性を欠いていることをいう。設計上の欠陥、製造上の欠陥、指示・警告上の欠陥が該当する。

● 食品衛生法

参考
消費者庁HP、厚生労働省HPも参照。

　飲食によって生ずる危害の発生を防止するための法律である。食品、添加物、器具や容器包装の規格基準、表示および広告等、営業施設の基準、またその検査等について規定している。

■営業許可

　ネットショップで食品を販売する場合、食品の種類、調理・加工の程度によっては食品衛生法上の営業許可が必要となることがある。そのため、食品の販売を検討する場合には保健所に問い合わせ、相談することが必要である。

　営業許可取得のためには、食品衛生責任者を定めることも必要となる。まだ食品衛生責任者がいないのであれば、（栄養士や調理師等の資格を持っていない場合には）食品衛生責任者養成講習を受講して、食品衛生責任者の資格を取得したうえで、保健所で営業許可（食品衛生法に基づく営業許可）を取得することになる。

　講習は、概ね6時間で完了する。また、例えば東京都では、受講者が講習会場に来場して受講する「会場集合型養成講習会」と、オンラインで受講できる「eラーニング型養成講習会」とが設けられている。

●食品衛生法に基づく営業許可の取得の手続き
①事前に管轄の保健所で相談

　許可を受けるには厨房設備が整っていることが条件。なお、自宅の台所そのままでは、通常は不可能である。

②申請書類の提出と設備工事

　営業許可申請書、営業設備の大要・配置図等を保健所に提出。

③現場検査

厨房の要件
一般家庭の台所では許可を得ることはできない。「二層式の流し台」「手洗い場所」「耐水性のある床」等の設置が求められる。

　工事が終わったら、保健所の担当者が現地訪問。配置図通りに、施設が作られているかチェックされ、認められれば許可が出る。許可書が渡されたら営業開始できる。

● お酒類

通信販売酒類小売業免許
申請場所は税務署。インターネット等の通信販売で扱える酒類は「前会計年度の品目ごとの課税移出数量が、すべて3,000キロリットル未満の製造者が製造、販売する酒類」または「輸入酒類」の条件がある。ただし、販売場の所在する同一の都道府県の消費者のみを対象とする通信販売は一般酒類小売業販売免許の対象となるため、この限りではない。

　2都道府県以上の広範な地域の消費者等を対象として、ネットショップで酒類を販売するには「通信販売酒類小売業免許」の取得が必要。

● ペット類

　ほ乳類、鳥類、は虫類を扱う場合、都道府県知事による第一種動物取扱業の登録を受ける必要があり、登録するためには動物取扱責任者（一定の研修等を受けている必要がある）を選任するほか、適切な広さや空間のある飼養施設を確保する必要がある。なお、魚や昆虫は免許を取得することなく販売できる。

　また、ペット類のエサは許可を取る必要はない。

● その他

　コンタクトレンズ等の医療機器を販売するには、各都道府県の担当部署に届け出ることが必要である。また、火薬類に属する花火を販売するには、都道府県知事の販売許可を受けなければならない。

届出・資格等が必要な商品

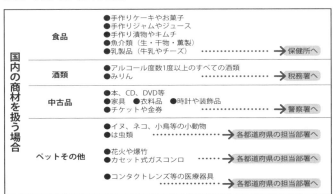

● 薬機法（医薬品、医療機器等の品質、有効性及び安全性の確保等に関する法律）

　医薬品の販売は、薬機法により、都道府県知事の許可を得なければならない。

　医薬品のネット販売は厚生労働省令によって基本的に禁止されてきたが、2013年1月11日に一般用医薬品のネット販売に関する行政訴訟で、この省令による規制が憲法違反であるとして無効と判断された。その後、第185回臨時国会において、この違憲判決を受けた形で薬事法（当時）の改正が行われており、その中身としては、①一般用医薬品の全てをネット販売可能とする（一部は薬剤師が不在の場合は販売不可）、②ただし、リスクの高い品目を「要指導医薬品」として、処方箋薬と「要指導医薬

ペット関連の法規
愛がん動物用飼料（ペットフード）の安全性の確保を図るため、平成21年6月1日から、「愛がん動物用飼料の安全性の確保に関する法律」（ペットフード安全法）が施行された。法律の対象となるのは犬および猫用のペットフード。ペットの健康に悪影響を及ぼすペットフードの製造、輸入または販売は禁止されるようになった。消費者に対して適切かつ十分な情報を提供するために製造業者名や賞味期限等の表示が義務付けられている。

参考
厚生労働省HPも参照。

医薬部外品の販売
医薬部外品（医薬品に準ずる目的をもち、かつ、人体に対する作用が緩和なもの）や化粧品の販売は、輸入販売を除いて、許可や届出は不要。ただし手作り商品の場合は、例えば、化粧品であれば「化粧品製造業の取得」等が求められる。

品」のネット販売は禁止する、というものである。なお、2025年以降
には、ビデオ通話による服薬指導を条件として、市販薬のネット販売を
原則解禁する法改正を行うことが検討されており、今後も引き続き、法
改正の動向に注目する必要がある。

　また、承認を受けていない医薬品等の広告は禁止されている。例えば、
何ら承認を受けていない「健康食品」の広告に、効果や効能を記載する
ことはできない。

● 家庭用品品質表示法に基づく品質表示

参考
消費者庁HPも参照。

　品質の識別が難しい家庭用品について、誰でも理解できて、見やすい
品質表示が義務付けられている。例えば、Tシャツの裏地にはタグが付
いていて「家庭洗濯機等の取り扱い方法」等が表示されている。この表
示が「家庭用品品質表示法に基づく品質表示」である。

　Tシャツそのものを手にとっても、人の目では「原材料が何で、どの
ように取り扱えばよいか？」を正確に見定めることができない。表示が
なければ、間違った方法で洗濯をし、着られなくなるほど縮んだり、色
落ちしたりしてしまう危険がある。すなわち、消費者の大切な財産を棄
損してしまうリスクが高い。家庭用品品質表示法は、こういったリスク
から消費者を守るための法律である。

　対象となる商品は、次のとおり。

繊維製品	糸、織物、生地、衣類（ズボン、スカート、シャツ類等）、毛布等
合成樹脂加工品	浴室用器具、かご、盆、食事用・食卓用・台所用器具、ポリ袋等
電気機械機具	電気洗濯機、電気毛布、電気冷蔵庫、電子レンジ等
雑貨工業品	魔法瓶、かばん、机、椅子、合成洗剤、洗浄剤、サングラス等

　この表示は、国内の商品だけではなく、輸入した商品にも義務付けら
れている。国内のメーカーから仕入れた商品は、そのメーカーが表示義
務に基づいて正しく表示しているため、あらためて自分で表示する必要
はないが、輸入商品の場合は、自分で追加表示しなくてはいけないケー
スが多い。海外の商品には「家庭用品品質表示法に基づく品質表示」が
義務付けられていない国も多いからだ。

　表示する項目は商品によって異なるが、お客様が商品を選ぶときに役
立つ品質表示（成分、性能、用途、容量、寸法）と、商品を買って使用
するときに役立つ品質表示（取り扱い方法、保存の仕方）が主な要素と
なる。

例えば、繊維製品の場合は「①繊維の組成」「②家庭洗濯等取扱い方法」「③はっ水性」「④表示者名および連絡先」等を表示する。

なお、こうした表示は商品に取り付ける必要はなく、取り扱い説明書にして、商品に添える形でもよい。

● 海外からの輸入商材について

■食品関係

加工していない食品（野菜や果物等）、加工済みの食品（缶詰等）の両方とも検査が必要。厚生労働省検疫所輸入食品監視担当に宛てて「食品等輸入届出書」を提出し、食品の検査を受ける。

未加工の食品については、厚生労働省検疫所での検査のほかに、植物防疫法に基づき食品に病害虫等が付着していないかを調べるため、植物防疫所で検査を行わなければならない。「植物、輸入禁止品等輸入検査申請書」にいくつかの書類を添付して植物防疫所に検査申請を行う。

なお、輸入食品を扱うネットショップの多くは、これらの検査の手続きを代行業者に依頼している。自分自身で行うのは時間と手間がかかるからだ。

■衣類や雑貨類

衣類や雑貨類は、基本的には自由に売ることができるが「人の口に直接触れるもの」「子どもが口の中に入れる可能性のあるもの」は、厚生労働省検疫所での検査が必要。食器類、フォーク類、風船、子どもの遊び道具等。

また中古品を輸入し、販売する場合は古物商許可証の取得が必要である。

■植物

病害虫等が付着していないかを調べるため、植物防疫法に基づき、植物防疫所で検査を行う。「植物、輸入禁止品等輸入検査申請書」にいくつかの書類を添付して植物防疫所に検査申請を行う。

届け出・資格等が必要な商品

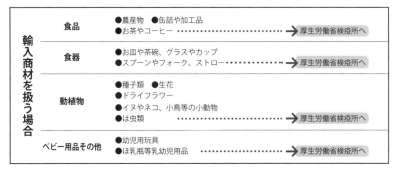

5-4 情報セキュリティ対策の重要性

● 情報セキュリティ対策とは

　情報セキュリティ対策の重要性がさまざまなメディア等で取り上げられているが、そもそも情報セキュリティとはなんだろうか。

　「安全」という日本語は「セーフティ」と「セキュリティ」に置き換えられる。「セーフティ」とは、偶発的事故（自然災害や機器のトラブル等）から身を守る行為を指し、「セキュリティ」は、悪意のある外部の脅威・加害から身を守る行為を指す。

　また、情報セキュリティを考えるうえでの「情報」とは、組織にとって管理すべき重要な情報を指す。この場合、コンピュータ上の情報だけではなく、紙媒体や、FAX、音声等も含まれる。

　このことから情報セキュリティ対策とは、「悪意のある外部の脅威・加害から企業の情報を守る行為」と定義することができる。

■ネットショップの信頼に繋がる情報セキュリティ対策

　個人情報をお客様から預かり、電子決済を行うことも多いネットショップは、情報セキュリティの不安を取り除き、さらにその取り組みをお客様に理解されなければ、利用していただけない可能性も十分に考えられる。

　逆にいえば、積極的な情報セキュリティ対策を行い、それをアピールすることで、自社のショップを差別化することができる。

● 企業が守るべき情報とは

　次に「企業が守るべき重要な情報」とはなにかを考察する。

■企業が守るべき情報1　個人情報

　ネットショップの情報セキュリティ対策において、最初に考えなければいけないのは「個人情報の保護」だ。個人情報とは特定の個人を識別することができる情報を指し、ネットショップにおいては、運用業務で扱われる氏名、電話番号、住所等の顧客情報が該当する。個人情報保護法では、一時的に取得するものを「個人情報」、データベース等、検索可能な形のものを「個人データ」、6ヵ月以上に渡って保管する場合を「保有個人データ」と呼び、運営者に課せられる義務項目が増えるので注意したい。また、ネットショップ店員の情報も個人情報にあたり、こ

個人情報保護法
65ページ「個人情報保護法」参照。

個人情報漏洩を防ぐためのチェック（IPA情報処理推進機構）も参照。

ちらは「社員情報」と呼ばれる。その他、購入履歴、利用したサービス、閲覧したページの履歴等は個人情報ではないが、法的にはプライバシー情報に該当する。

　万が一、個人情報が流失した場合は、ショップの信頼が大幅に低下することが予想されるほか、損害賠償請求を受ける可能性がある。

■企業が守るべき情報2　機密情報

　個人情報と同様に、漏えいした場合に大きな損失を被る可能性があるのが機密情報だ。ネットショップでは、在庫数や販売数、原価、販促情報等が該当する。これらの情報も取り扱いには十分に注意する必要がある。

● 情報セキュリティ対策への取り組み

　それでは、具体的な対策とはどのようにとるべきなのか。

　すぐに思いつくのは、アンチウイルスソフトウェアの導入等だ。ネットショップにおいては、個別対策の前に、まず組織として情報セキュリティ対策への取り組み方を明確にし、場当たり的、属人的でない永続的な情報セキュリティ対策の仕組みを確立する必要がある。

　情報セキュリティ対策は、仕組みが一度できたら完結するというものではない。年々進化する悪意のある攻撃から、大切な情報を守り続けなければならない。そのため、情報セキュリティ対策の計画（情報セキュリティポリシー）を策定し、PDCAサイクルにより改善を続ける。

　情報セキュリティポリシーは、日本産業規格JIS Q27002「情報セキュリティマネジメントの実践のための規範」の考え方を元に設計する。永続的な情報セキュリティの実行には、スタッフ教育も欠かせない。

● 情報セキュリティポリシー

■情報セキュリティ基本方針

　ネットショップにおける情報セキュリティの基本的な考え方、取り組みの姿勢、目的を社内外に公表する。対象範囲（どのような情報をどのような脅威から守るのか）、責任者、該当する法令、教育等も合わせてセキュリティポリシーに記載する。社外に公表する場合は、ネットショップに個別のページを設けてもよいし、プライバシーポリシーのページに掲載するのもよい（142ページ参照）。

■情報セキュリティ対策基準

　情報セキュリティ対策基準とは、情報セキュリティ基本方針を遵守するためには「何を行わなければならないか」をまとめた社内規定である。

プライバシー情報
私生活をみだりに公開されないという法的権利に基づく情報のことである。次の三つをすべて満たす情報をいう。
1．個人の私生活上の事実（それらしく受け取られる可能性のあるものも含む）に関する情報である。
2．公知になっていない。
3．私人としては、通常は公開を望まない内容である。
インターネット上で扱われるプライバシー情報には、次のもの等がある。
・利用したサービス
・閲覧したページの履歴
・検索したキーワード
・送受信したメールの内容
・利用した時間帯
・携帯端末の個体識別情報
・購入した商品
・利用環境
・性別
・郵便番号
・職業
・年齢
・身長
・体重
ただし、本人が自ら公開している場合はプライバシー情報とはならない。

PDCAサイクル
計画（plan）、実行（do）、評価（check）、改善（action）のプロセスを繰り返すことによって、業務を継続的に改善する手法。

情報セキュリティポリシー
一般的には、「情報セキュリティ基本方針」と「情報セキュリティ対策基準」を合わせて「情報セキュリティポリシー」と呼ぶことが多い。

情報セキュリティ対策基準の例文（総務省）一部抜粋
・支給以外の端末での作業の原則禁止
・必要以上の複製および配付禁止
・保管場所の制限、保管場所への必要以上の外部記録媒体等の持ち込み禁止
・情報の送信、情報資産の運搬・提供時における暗号化、パスワード設定や鍵付きケースへの格納
・復元不可能な処理を施しての廃棄
・信頼のできるネットワーク回線の選択
・外部で情報処理を行う際の安全管理措置の規定
・電磁的記録媒体の施錠可能な場所への保管
・バックアップ、電子署名付与

■情報セキュリティ実施手順

　情報セキュリティ実施手順とは、情報セキュリティ対策基準を実施するための具体的な手順が書かれたマニュアルである。

5-5 | システムのセキュリティ

● システムのセキュリティ

　ネットショップでは、お客様からインターネットを経由して個人情報をいただき、その情報をネットワークで繋がったパソコン上で管理するため、Webサーバー、ネットワーク、作業用PCといったシステムのセキュリティが非常に重要である。

　インターネットを通じたセキュリティの被害は、従来からのガンブラーウイルスを利用したアカウント情報窃取などの悪意のある活動に加え、インターネットバンキングやクレジット情報の不正利用、標的型攻撃などが増えており、その手口は常に進化し続けている。

● コンピュータウイルス

　コンピュータウイルスとは、電子メールやWebサイト閲覧、OSやアプリケーションの脆弱性経由で利用者のコンピュータに侵入する悪意のあるプログラムである。コンピュータウイルスは、作業用パソコンのシステムを破壊するだけでなく、なかにはメールソフトのアドレス帳や受信箱を利用して、ウイルス付きのメールをばら撒くといった行動をとるものもある。

　このようなウイルスに感染すると、お客様にウイルスをばら撒くこととなり、広範囲に重大な被害をもたらすことも考えられる。ウイルスをばら撒いたネットショップは、被害者ではなく加害者とみなされ、ショップの信頼が大きく下がることになる。また、ガンブラーウイルスやマルウェアなど、Webサーバーを攻撃対象としたウイルスに感染すると、ネットショップのサイトが改ざんされてお客様が悪意あるサイトに誘導され、そこで個人情報等を入力してしまうなど、大きな損害が出る可能性がある。

● スパイウェア

　スパイウェアとは、利用者の意図に反してコンピュータにインストールされ、個人情報やアクセス履歴等の情報を収集し、外部に送信する悪意のあるプログラムのことをいう。

　スパイウェアに侵入されると、お客様の個人情報やネットショップの機密情報が外部に流失する可能性がある。

ガンブラーウイルス
ホームページを改ざんし、そのホームページを閲覧した人のパソコンをウイルスに感染させる攻撃手法である。

マルウェア
ウイルス、スパイウェア、ボットなど、悪意のあるソフトウェアの総称。

● ボット

　悪意のあるプログラムの中で、コンピュータに無断侵入し、コンピュータを遠隔操作することを目的としたものをボットと呼ぶ。

　作業用パソコン、Webサーバーともにボットに侵入されると、スパムメールの大量配信や特定サイトへの攻撃加担、個人情報やアクセス履歴等の情報を収集し外部に送信するなど、深刻な被害をもたらす。

　コンピュータウイルスへの感染拡大と同様に、スパムメールの大量配信や特定サイトへの攻撃加担を行ったネットショップは、被害者ではなく加害者とみなされるため、十分に注意をする必要がある。

● ランサムウェア

　ランサムウェアとは、コンピュータやモバイル端末をロックしたり、ファイルを暗号化したりして使用不能にし、この制限を解除するために「身代金」を要求する不正プログラムのことをいう。感染すると、感染PCの有効操作ができなくなるだけではなく、感染PC内やネットワーク共有上のファイルを暗号化して利用不能にするなどの被害をもたらす。感染経路は通常のマルウェアと同じ。

● その他の攻撃

　上記に挙げたマルウェア以外にも、アプリケーションの脆弱性を攻撃してデータベースを不正に操作するSQLインジェクション、踏み台とされた複数のコンピュータが標的を攻撃するDoS攻撃といった、Webサーバーを標的とした脅威や、社内ネットワークの不正侵入、無線LAN不正利用や盗聴など、さまざまな脅威が存在する。

　次にこれらの脅威からお客様とショップを守る代表的な対策を紹介する。

● 作業用パソコンにおける主なシステム対策（一般スタッフ向け）

・セキュリティソフトの導入
・セキュリティソフトの定期的な定義ファイルの更新およびスキャン
・コンピュータのOSやアプリケーションを常に最新にする
・メールの添付ファイルに仕込まれたウイルスなどへの注意
・便利なツールに見せかけたスパイウェアへの注意
・ウイルスやスパイウェア混入の可能性のある、怪しいサイトにはアクセスしない
・不正アクセス防止のためパーソナルファイアウォールの利用

標的を攻撃する
標的を攻撃するとは、具体的にはWebサーバーに大量のデータや不正パケットを送りつけるなどの行為である。

メールの添付ファイルに仕込まれたウイルスなどへの注意
怪しいメールを開かない、添付ファイルを開く際はウイルススキャンを行うなど。

セキュリティソフト
ウイルス/スパイウェア対策、迷惑メール対策、ファイアウォール機能など、インターネット上の脅威から包括的に保護する製品が定番。PCだけではなく、スマホ・タブレットなど、使用機器、OSにあわせて製品を選択する。

便利なツールに見せかけたスパイウェアへの注意
制作者のはっきりしないフリーウェアなどをインストールしない。無料のアンチスパイウェアに見せかけたスパイウェアなども多数存在する。

・ブラウザ等のセキュリティオプションの利用

● 社内ネットワークにおけるシステム対策（システム管理者やマネージャー向け）

・ルーターの正しい設定
・ファイアウォールの設定
・無線LANのセキュリティ設定

● Webサーバーにおける主なシステム対策（システム管理者やマネージャー向け）

・個人情報をお客様より取得する場合は必ずSSLを利用して通信を暗号化する。
・OSや利用アプリケーションに適切なセキュリティ対策用の更新プログラムを適応する
・迷惑メール対策サービスの利用
・ネットショップの管理画面への適切なアクセス制限
・通信の暗号化および認証
・データの保護とWebサーバーのバックアップ
・アンチウイルスソフトウェアおよびファイアウォールの利用

　Webサーバーにおける対策は、カートASP提供事業者やホスティング事業者と相談しつつ検討するとよいだろう。また新規でカートASPやWebサーバーを利用する場合は十分なセキュリティ対策を施しているか業者に確認することが重要である。

ブラウザ等のセキュリティオプションの利用
ブラウザのセキュリティ設定を確認し、正しく設定する。

ルーターの設定
不要な入り口を遮断することで、不正アクセスによる負荷やデータ、プログラムの盗聴・改ざんを防ぐ。

ファイアウォールの設定
例えば、社内ネットワークに外部からデータが入る際に適切かどうか見極める設定をすること。

無線LANの設定
決められたコンピュータ以外は利用できないようにMACアドレスを指定することなど。
また、通信には暗号化を利用すること。

SSL
SSL技術そのものの使用は無償だが、サイトの信用のため、有償で第三者機関からの認証をうけて、フィッシング詐欺等に悪用されていない、信用あるサイトであることを表示する。

アクセス制限
例えばSSLでの通信の保護やIPアドレス制限等を指す。

通信の暗号化および認証
FTPはできるだけ利用せず、SSHやSFTPを利用する。

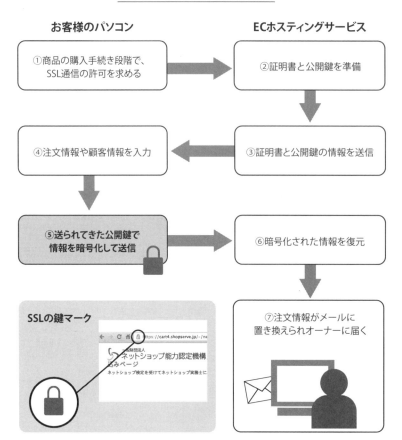

SSLによって暗号化される情報の流れ

お客様のパソコン　　　　　　　　**ECホスティングサービス**

①商品の購入手続き段階で、
SSL通信の許可を求める

②証明書と公開鍵を準備

④注文情報や顧客情報を入力

③証明書と公開鍵の情報を送信

⑤送られてきた公開鍵で
情報を暗号化して送信

⑥暗号化された情報を復元

SSLの鍵マーク

ネットショップ能力認定機構
込みページ
ネットショップ検定を受けてネットショップ実務士に

⑦注文情報がメールに
置き換えられオーナーに届く

5-6 運用のセキュリティ
（「人の行動」が引き起こす脅威）

● 運用のセキュリティ

　システムだけの対策でネットショップの情報セキュリティが保たれるわけではない。特に情報漏えいにおいてはその多くが「人の行動」によって引き起こされている。

　人の行動が引き起こす脅威には、大きく分けて二つの種類がある。一つは「紛失」や「誤操作」といった過失、もう一つは「不正な情報持ち出し」や「目的外使用」といった故意である。

● 作業用と個人用のパソコンを使い分ける

　プライベートのパソコンには、ゲームなどの娯楽ソフトをインストールする場合もあるだろう。こうした中にはウイルスが紛れ込んでいる可能性もある。個人用と作業用のパソコンを別にすることで、感染のリスクを軽減することができる。私的にパソコンを利用している最中の誤操作で、仕事上のトラブルを起こす可能性も排除することができる。

● パスワードをかける

　パソコンやUSBメモリなどの外部媒体には、必ずパスワードをかける。設定するパスワードも、複数のWebサービスで使い回さない、定期的に変更を行うなど管理ルールを決めて運用する。

　万が一、悪意のある第三者の手に渡っても、データを取り出せないようにしておく。

　また、席を離れる際には、パソコンの画面にロックをかけ、解除のためにパスワードの入力を求めるように設定する。これにより、他人の使用を防ぐことができる。

● 作業用パソコンの使い方をルール化する

　スタッフの不注意によって、個人情報が流出するケースは多い。例えばスタッフの一人が「仕事が終わらなかったから、USBメモリにお客様の情報を抜き出して、家で作業する」といった行動をとり、自宅のパソコン経由で、個人情報が漏れてしまうといった事例が多数みられる。

　そこで、「データを暗号化する」「データは会社から持ち出さない」「作業用パソコンを私用に使わない」といったルールを作って徹底する。

参考
プライバシーマーク
個人情報保護の体制を整備している事業者を認定する制度として、「プライバシーマーク制度」がある。
法律の規定を包合するJIS Q 15001に基づいて一般財団法人日本情報経済社会推進協会が客観的に評価する制度で、認定されればWebサイトやカタログなどでプライバシーマークの使用が認められ、個人情報の安全な取り扱いを行っていることをアピールできる。

守らなかった場合の罰則を設けるとともに、情報セキュリティポリシーに記載する。

● パソコンに盗難防止策を施す

作業用パソコンの盗難にも注意を払う。特に持ち運びが簡単なノートパソコンは、物理的に持ち出せないような配慮をする。具体的には、ワイヤーロックを付け、柱などに結び付けておく。ワイヤーロックは数千円で購入できる。

そのほか「盗難防止PCカード」の導入も検討する。これはPCカードにセンサーが組み込まれており、パソコン本体を持ち去ろうとすると自動的にシステムがロックされ、警報音が鳴る。

● パソコンを破棄する際はデータを完全に消去する

新しいパソコンに買い替えるときには、古いパソコンのデータを完全に消去する。ファイルをゴミ箱に捨てたり、ハードディスクを初期化したりするだけでは、ハードディスク内のデータは見えなくなっているだけで完全には消去できていないことを知っておく。

情報消去はハードディスクデータ消去の専用ソフトを使って行う。

● ゴミの捨て方に注意する

納品書、請求書など、お客様の情報をプリントアウトする機会も多い。こうした書類を捨てるときは、無造作にゴミ箱に投げ入れてはいけない。手で破り捨てるのでも不十分。シュレッダーにかけ、情報が判読できないようにしてから捨てる。

● 名刺の管理

取引先から受け取った名刺にも注意を配る。スタッフが店を辞めるときには、これまでの名刺も返還してもらう。

名刺管理ツールとして、クラウド上で名刺を管理・活用できるサービス、「名刺一括管理システム」が広まりつつある。これらの多くはスマートフォンでも利用できるため、需要が増えてきている。使用者は定期的にデータをバックアップするなど、管理・運用方法には注意したい。また、サービス会社を選択する際は、通信中のデータは暗号化されているか、「プライバシーマーク」などの第三者認証を取得しているかなど、個人情報保護体制の見極めも必要だ。

● スマートフォンの使い方

スマートフォンは、身近なネット接続機器の一つであり、サイト閲覧、写真撮影、メール送受信など、作業用パソコンと同様のネットショップ運用作業を行うことが可能である。PC同様、紛失・盗難、年々増加しているモバイル端末を狙ったマルウェアの対策をしっかり行いたい。

具体的な対策としては、パスワードによるデバイスのロックをかける、複数作業者で利用しない、安全な回線を利用する、OSやアプリの更新プログラムが提供されたら速やかに適用する、信頼できる公式マーケットを利用してアプリをインストールする、信用できないメールの添付ファイル、URLリンクを不用意に開かない、といったことに留意する。

● SNSの運用

SNS利用における主なリスクは、個人の不用意な発言による所属企業や組織のブランドイメージ低下と、第三者によるアカウントのっとりだろう。個人の利用であっても、所属企業や組織を公開している限り、企業や組織と無関係とは言い難い。企業や組織の情報セキュリティポリシーに従って、発言には十分に留意する。

企業や組織の公式アカウントを運用する場合は、担当メンバーの教育・啓蒙、運用ルールの作成・遵守を徹底したい。SNSによっては、投稿内容を事前に確認できる承認システムを実装している場合もあり、これらを運用に採用するのもよいだろう。

安全な回線
不特定多数の利用者がいる、無償の無線LANなどでは盗聴の可能性もある。

参考
制作や運営を外注する場合の注意
・制作や運営を委託する場合の外注先にも十分に留意する必要がある。
・業者選定前に日頃からセキュリティ対策を行っているかどうかを十分にヒアリングする必要がある。
・制作や運営に必要な管理ID、パスワードの取り扱いには十分に注意するとともに、契約書を交わし、責任の所在を明確化することが重要だ。
・特に運営を委託する場合は個人情報や企業情報漏えいの危険性があるので、十分な議論の元で明確なセキュリティ対策を求めたい。

6章

ネットショップ事業の準備

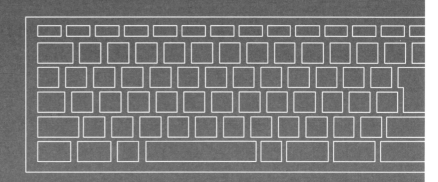

6章
ネットショップ事業の準備

6-1 ターゲティングと顧客ベネフィット

● 顧客心理のスタートは「私のことをわかっているか？」

ビジネスとは顧客が感じる価値を企業が提供することで成り立つが、この価値は顧客が決めるということを忘れてはならない。企業と顧客の間でコミュニケーションが成り立たなければ、価値は伝わらない。

「価値」を伝えるためのコミュニケーションが必要。

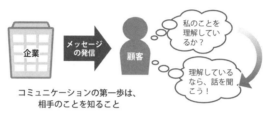

コミュニケーションの第一歩は、相手のことを知ること

コミュニケーションは、相手のことをよく知らないと始まらない。自分のことを知らない相手からのアプローチには、聞く耳を持たないのが顧客の心理だからだ。

● ターゲットとなる顧客像の明確化

すべての人に対して価値を伝えることは困難である。なぜならば、人によって価値観が違うからだ。よって、自社が提供する商品やサービスに対して、もっとも高く価値を感じてくれる顧客をターゲットにする必要がある。ターゲットとすべき顧客を明確にしないとビジネスは成功しない。

顧客像は具体的でなければならない。年齢や性別だけで顧客像を明確にしたと思ってはならない。例えば「シニア層」といっても、大家族の家長で和装を好む「お爺ちゃん」もいれば、いまだに熱狂的なファンをライブに集める「往年のロックスター」といったシニアも考えられる。「若い女性」でも、モデルを職業にしているスレンダーな女性もいれば、プロアスリートでガッチリした体型の女性もいる。これらの人を同じ「シニア層」または「若い女性」と考えて、同じメッセージを発信しても、相手には聞いてもらえない。

● ターゲット市場を明確にする分類項目

個人市場のセグメント（分類）項目例を紹介する。

地理	都道府県、市町村、地理的位置
人口	人口○○万人以上か以下か
人口密度	都市か郊外か
気候	降雨量、積雪、台風、気温など
年齢	
世帯規模	一人、二人、三人、四人以上など
家族構成	単身、核家族、三世帯など
性別	男女
所得	
職業	
教育水準	最終学歴
宗教	
人類・国籍	
世代	団塊、団塊ジュニア、デジタルネイティブなど
社会階層	貧困層、中流、上流など
ライフスタイル	文化志向、スポーツ志向、環境（エコ）志向など
パーソナリティ	内向的、外交的など
ベネフィット	品質、サービス、経済性、迅速性など、何に価値を感じるか？
ユーザーの状態	非ユーザー、元ユーザー、潜在ユーザー、初回ユーザー
使用割合	使用頻度、使用量、消耗スピードなど
ロイヤリティー	ブランド、サービス、担当者、立地、デザインなどへのロイヤリティー度合い

● 顧客ベネフィットを意識した、自社商品の訴求ポイント

　顧客ベネフィットとは、顧客にとっての利益、便益、価値のことを言うが、顧客自身が感じる価値であるという視点を忘れてはならない。

　顧客の感じ方は、顧客の事情、背景、シーンによって異なる。当然のことだが、同じ商材であっても顧客が違うと、違ったポイントが評価されるのである。例えば、同じ「食材」であっても、大家族向けの日常食材ならば「量」、一人世帯むけの買い置き食材ならば「保存のしやすさ」「調理のしやすさ」、ギフト目的の高級食材ならば「パッケージの高級感」や「生産者の物語」、家庭内イベント（子供の誕生日会など）目的ならば「演出小道具のセット」、というような評価ポイントが考えられる。

　同じ顧客だったとしても、事情があって急いで手に入れたいこともあれば、じっくり選んで手に入れたいこともある。また、自分が消費するのではなく、プレゼントのために購入を検討することだってある。

　ネットショップを準備する際は、これらのことを踏まえ、自社商品の訴求ポイントを明確にする必要がある。

6-2 商品開発

● 商品の要素

商品開発とは、商品本体の開発だけを指すのではない。商品本体に加えて、付属品、パッケージ、付帯サービス、価格の5つの要素を決定し、実装する必要がある。

商品の価値を決める、5つの要素

商品本体	付属品	パッケージ	付帯サービス	価格

● 顧客の期待を超える商品開発

顧客の期待は5つの階層に分けられる。もっとも基本的な「中核ベネフィット」から、「基本商品」「期待商品」「膨張商品」「潜在商品」という順でレベルが上がっていく。

顧客価値ヒエラルキーの概念図

「中核ベネフィット」
顧客が実質的に手に入れる最低限の機能。

「基本商品レベル」
商品と呼べる最低限の状態（法規で定められた表記がある等）。

「期待商品レベル」
購買者が通常期待するレベル。

「膨張商品レベル」
購買者の期待を超えるレベル。

「潜在商品レベル」
将来の可能性に焦点を当てたレベル。

商品開発では、市場の成熟度および競合状態と自社の位置づけを考えて、どの階層レベルで企画すべきかを決める。

● 商品本体

　商品本体を設計する要件として、材料、機能、デザインの3つの要素が挙げられる。

　「材料」では、どのような品質レベルの材料を使用するかだけでなく、中心となる材料の含有量も検討する。

　「機能」では、どのような機能を付加するかだけでなく、それぞれの機能レベルも検討する。

　「デザイン」は、ユーザー体験を左右する非常に重要な要素である。

商品本体を定義する、3つの要素

材料　機能　デザイン

● 付属品

　購買は、商品本体を手に入れるためではなく、目的を達するために行われることが多い。そのため、付属品は商品の重要な要素になり得る。

　電池で動く商品には電池が付いているケースが多い。組み立てが必要なインテリアでは、組み立て用の道具が付いていることもある。消耗品が必要な道具には、最小ロットの消耗品が付いていて、継続的な消耗品購入を促すケースもある。活用マニュアルやレシピなど、使用満足度を高める工夫も見られる。その商品に関する「物語」を語るツールも考えられる。ギフト需要を掘り起こす際は重要だ。

　ターゲット顧客のライフスタイルによっては、あえて付属品をつけないシンプルな構成にすることもある。いずれにしても、顧客の共感が得られるセッティングを工夫する。

付属品の観点

必要な部品　設置の道具　消耗品・材料　ノウハウ　物語

● パッケージ

　パッケージは、顧客が最初に目にする商品の姿である。よって、商品コンセプトを一目で伝える設計が必要である。商品コンセプトが「高級」なのに、チープなパッケージでは良くない。コンセプトが「エコ」ならば、パッケージもエコな質感が必要である。

　また、店頭に置かれる場合はポップの役割も果たすため、インパクトのあるキャッチコピーや、顧客にとって読みやすい表記（表現やフォント）が重要となる。

　商品によっては、パッケージに入れたまま、商品本体をしばらく保管するケースもある。開封の仕方や保管状況に合わせた構造を検討する。

● サービス

　その商品について熟知しているユーザーなら、余計なサービスは一切付いていない方が好ましいこともある。しかし初心者ならば、利用可能な状態まで、手取り足取り導いてくれるサービスを望むだろう。

　例えば家電ならば、ジャパネットたかたのように独自のコールセンターを設けて、使用方法のサポートをする会社がある。一方、秋葉原にある専門家向けのショップでは、商品本体のみを簡易包装（または包装なし）で引き渡し、説明もサポートもまったくないケースがある。

　最近はインターネットでアパレルやシューズの販売が好調だ。サイトではサイズや質感が伝わりにくい商品なので、一定期間は返品にかかる費用を無料にするサービスが増えている。

　むろん、サービス追加はコスト増になるため、慎重に収支を検討して導入すべきだが、競争優位性や顧客満足のために欠かせないものとなりつつある。

● 価格

　価格決定については、次の項目で詳しく述べる。

6-3 ｜ 価格決定

● **顧客心理を理解する**

前項に書いたように「価格」も「商品」の要素の一つである。

目的や得られる体験に対して価格が高すぎると顧客が感じると、顧客は注文をしない。一方で価格が低すぎると感じた場合も、顧客は品質を疑い、製品やサービスへの期待が低くなり、注文に至らない。

価格は顧客にとって品質の目安であり、顧客は価格を通じて企業からのメッセージを受け取っている。企業が利益を確保するためには、顧客が先入観として持っている適正価格帯の中で、できるだけ高い価格を設定するのが好ましい。

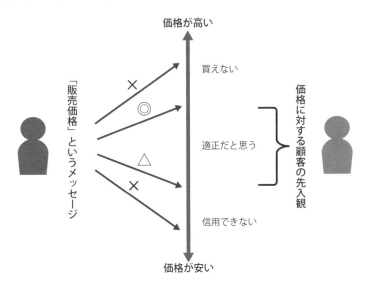

価格に対する顧客の先入観は、これまでの購買経験、信頼する知人・有名人・専門家のコメントなどによって醸成される。まずは、顧客がどのような購買検討プロセスを経て、どのような購買経験をしているのか。また、どのように他人のコメントに出会い、どのようなコメントに影響されるのかを検討する必要がある。

価格という「数字」を「見た」ときの心理的影響も考慮する。人は数字を左から見る習慣があるため、30,000円は3万円台だが、28,500円は2万円台という印象になる。また、終わりの数字が端数だと「バーゲン」とか「値引き」という印象を与える。逆にいうと、高品質、高級といったイメージを与えたい場合は、端数で終わる価格付けを避ける。

● 価格決定のステップ

一般的な価格決定のステップは、下記のとおりである。

目的の明確化	高品質イメージを植え付けたいのか？ シェアを獲得したいのか？ 低価格でしっかりしたモノを提供できるという印象を広めたいのか？ 在庫を処分したいのか？ 等
需要の判断	価格帯は、ターゲット像に合っているか？ ターゲットの目的、得たい体験に対して適正か？
コストの評価	コストの性質は？（例えば、固定コスト、変動コスト、ある一定の生産量を超えると劇的に下がるコスト等）
競合の分析	ターゲットと目的 コストおよびコスト構造、価格
手法の選択	マークアップ、ターゲットリターン、知覚価値、バリュー、現行レート、入札等
決定	

● 価格決定の手法

主な価格決定手法は、下記のとおりである。これらを複合的に活用することもある。

マークアップ	コストに欲しい利益を上乗せする方法
ターゲットリターン	目標とする数量を販売したときの投資収益率を基準にする方法
知覚価値	顧客心理において知覚されている価値に合わせる方法
価値創造	高品質製品に低価格を設定し、新しい価値観を知覚させる方法等
現行レート	競合他社の価格に基づく方法
オークション	競り上げ、競り下げ、入札等の方法

● 価格適合の手法

実際のビジネスにおいては、当初設定した価格から価格を変動させ、単一商品に対して価格が単一でなくなることも多い。さまざまな要因により価格を変動させることを価格適合という。

主な価格適合のパターンは、下記のとおりである。

割引	現金割引、ボリューム割引、機能（チャネル）割引、季節割引等
アローワンス	報奨制度、下取り制度等
販売促進	特別催事価格、現金リベート、低金利融資、長期支払い、保証・サービス付加等
差別価格	顧客セグメント別（アカデミーパック等）、形態別（5個入り、10個入り等）、イメージ別（同じ内容物の容器を変えて、イメージを変える等）、チャネル別（自動販売機か高級レストランか等）、場所別（A席、S席等）、時期別（曜日別価格、月別価格等）等

6-4 決済

　ネットショップは、ユーザーと直接お金のやりとりができないため、ユーザーが自分の使いたい支払い方法を選択できるように、多くのネットショップは複数の決済手段を用意している。主要な決済の種類は次のとおり。

● 決済の種類と導入方法

①郵便振替

　郵便振替用紙を購入客に送り、指定のゆうちょ銀行振替口座に入金してもらう方法。入金の際には「振込手数料」が発生するので、購入客とショップのどちらが負担するかを決めておく。手数料は、送金側の口座（ゆうちょ銀行振替口座かそれ以外の金融機関か）や支払い方法（ATM、窓口、あるいはゆうちょダイレクト）によって異なる。

導入方法

　ゆうちょ銀行で振替口座を開設する。

②代金引換

　配達員が商品を購入客に届けた際、同時に代金も回収する方法。代引手数料、振込手数料が発生する。回収された代金は、業者から指定の口座に振り込まれる。郵便局のほか宅配事業者でも実施している。

導入方法

　郵便局の場合は、商品発送の際に申し込めば利用できる。宅配事業者は事前に契約する必要がある。

③銀行振込

　金融機関の口座に振り込んでもらう方法。ネットバンキングを利用して振り込む購入客も多い。他行への振込は手数料が高く敬遠されやすいので、店側が主要な銀行の口座を複数開設しておくことが望ましい。

導入方法

　金融機関に口座を開設する。法人であれば店・企業名で口座を開くことができるが、個人事業主の場合は屋号等に加えて個人名を入れる必要がある。

④クレジットカード決済

　購入客にサイト上でクレジットカード番号を入力してもらう方法。導入にあたっては、SSL の導入等、サイトのセキュリティ確保が求められる。カード会社もしくは決済代行業者に対して、月額利用料金のほか、決済ごとの手数料を支払うことになる。

導入方法
カード会社と直接交渉する方法と、決済代行業者を活用する方法の 2 つがある。手軽に利用できるのは後者である。

⑤コンビニ決済

　購入客が最寄りのコンビニエンスストアで代金を支払う方法。支払い時には払込票や払込番号等が必要になる。1 決済ごとに手数料がかかる。

導入方法
代行業者を通じて導入するのが基本である。

⑥電子マネー決済

　現金の代わりに電子マネーのプリペイドカードや携帯機器、あるいはインターネット上でのみ利用可能な仮想マネーを使って支払いを行う。

導入方法
代行業者を通じて導入するのが基本である。

⑦後払い決済

　商品到着後、代金を支払う方法。購入者は、商品到着を確認してから支払いができる。また、販売者は、代金回収リスクを後払い決済代行会社に引き受けてもらえるため、双方にメリットがある。決済ごとに手数料がかかる。

導入方法
代行業者を通じて導入する。

⑧キャリア決済

　携帯電話の料金と一緒に商品代金を支払う。購入者にとっては、支払い手続きが簡単で運営者にとっては、未回収リスクが低いなどのメリットがある。

導入方法
代行業者を通じて導入する。

⑨ ID 決済（アカウント決済）

　ID 決済とは、商品を購入する際に Amazon や楽天など外部の会員情報に登録された ID（アカウント）とパスワードで認証し連携することで、外部 ID に紐づいた住所やメールアドレス、クレジットカードなどの情報を入力せずに決済を完了できる決済方法。購入時に必要な情報の入力時間と手間が短縮され、外部サービスの保有ポイントが利用できるなどユーザーの利便性が高い。

　サービス提供会社との契約が必要で月額利用料金がかかる（無料のものもある）。決済手数料は 4 ％前後。

導入方法

　ID 決済の導入は、サービス提供会社に個別に契約を申し込み、導入する ID 決済を選ぶこともできるが、それぞれと契約手続きをして、異なる入金サイクルを管理するのは手間がかかるため、ID 決済導入の際は、事務手続きも代行し、各社で異なる入金サイクルをまとめることもできる決済代行サービスを利用した一括導入を推奨する。主な ID 決済は Amazon Pay（アマゾンペイ）、楽天ペイ、LINE Pay、PayPay など。

6-5 | 流通

● 商品を送り届ける体制を作る

　実店舗での販売と異なり、ネットショップは離れた場所の顧客に商品を送り届けなければならない。商品を倉庫からピックアップして、配送業者に引き渡し、迅速かつ確実に顧客の元に配達できる物流体制を構築しておく必要がある。

　なかでも重要なのが配送業者の選定である。基本的には複数の宅配業者の料金やサービス内容を比較検討したうえで、各業者と料金などの交渉を行い、条件の良い業者と契約を結ぶ。

　ほとんどのネットショップは、配送地域を限定するようなことはせず、国内全域を対象に商品を販売している。このため、全国的な配送網を構築している大手宅配業者を利用するショップが多い。ただし、特定エリアへの配送頻度が高いショップの場合は、その地域に拠点を置く宅配業者を利用することもある。

　出荷取扱量の多い大規模ネットショップでは、物流アウトソーシングの業者に物流関連業務全般を委託するケースもある。配送だけでなく倉庫管理から商品ピックアップ、梱包、出荷事務までアウトソーシングが可能なので、自店の作業を軽減できるとともに、物流の効率化とコスト削減が期待できる。

ネットショップの物流体制	
一般的なネットショップ	商品管理・梱包・出荷事務は社内で行い、配送のみ宅配業者に委託する。
出荷数の多い大規模ショップ	物流関連業務の一部または全般を外部の物流アウトソーシング業者に任せる

● 宅配業者のサービス内容をチェックする

　宅配業者を利用する場合、まずは各宅配業者のサービス内容からチェックしていく。

　主な宅配業者には、「ヤマト運輸（宅急便）」「佐川急便（飛脚宅配便）」「日本郵便（ゆうパック）」「福山通運（フクツー宅配便）」「西濃運輸（カンガルー便）」などがある。

　近年は、コスト上昇に伴い、料金やサービスの改定が相次いでおり、

最新の情報をこまめにチェックする必要がある。また、割引交渉の結果や毎日の出荷数量を踏まえた上で、どの業者がもっとも安くなるか試算する必要がある。

　料金以外のサービス面でも、以下のようなチェックポイントがあるので、自店に必要なサービスの有無やサービス内容について事前に調べておくとよい。

■配達時間帯

　ヤマト運輸や佐川急便は配達時間帯を細かく分類しているが、宅配業者によっては「午前と午後のみ」などのケースもあるので注意が必要である。顧客の利便性を考えて、できるだけ細かく分類されている業者を選ぶこと。

■再配達

　再配達については、不在連絡票に配達員の携帯電話番号が記載されているかなど、受け取る顧客側の利便性をチェックする。

■代金引換

　代金引換でチェックするのは利用可能な決済手段と手数料である。ヤマト運輸や佐川急便は顧客が代金を支払う際の決済手段として、現金以外にクレジットカードや電子マネーが利用できる。代金引換の手数料は代引き金額に応じて異なる。日本郵便は、代金引換の基本料金は2024年1月現在、一律290円。決済方法は現金による支払いのみ。

■冷凍・冷蔵商品の配送

　冷凍または冷蔵保存が必要な商品を取り扱う場合は、ヤマト運輸のクール宅急便のように、輸送中の温度を管理できるサービスが用意されているかチェックする必要がある。また、クール便の料金や配送可能重量なども調べておく。

■メール便

　メール便は、対面での手渡しではなく、ポストへの投函による配送サービスのことで、日本郵便の「ゆうパケット」「レターパック」などが有名。一般的に比較的小さな荷物を低料金で送ることができるため、小物を送る場合に検討するとよい。ポストと郵便受けへの投函を想定しているため、荷物の厚さや対応サイズに制限がある。配送料金、配送日数、追跡サービスの有無など、各社の提供するサービスの種類によって条件が異なる。日本郵便だけではなく、ヤマト運輸、佐川急便にもメール便に相当するいくつかの配送サービスがある。ただし、ほとんどのメール便は荷物が紛失した場合などの補償がついていない。そのため商品を送る手段としては「宅配便」も用意し、顧客がどちらかを選択できるよう

にしておきたい。あわせて「補償がない」旨をサイト上で告知しておく
必要もある。

■発送業務サポート

宅配業者によっては、送り状発行ソフトの無償配布や、出荷データを
元に業者側で送り状を作成して集荷するサービスなどを提供している。
こうしたネットショップの発送業務をサポートするサービスの有無につ
いても調べておく。

送り状発行ソフト
ヤマト運輸は「B2」、佐川急便は
「e飛伝シリーズ」、日本郵便は
「ゆうパックプリント」を提供して
いる。

● 自店の特徴をチェックした上で業者を絞り込む

宅配業者の料金、サービスを比較するとともに、客層や商品など、自
店の特徴もチェックしておく。それが業者の絞り込みと交渉に役立つ。

例えば、客層にサラリーマンが多いのであれば「遅い時間まで配達を
行う」「再配達が素早い」などの項目を満たす業者を選ぶことになる。
商品についてはどんなサイズで発送することが多いかを確認し、そのサ
イズにおける各業者の通常料金をチェックしておく。

自店に最適と思われる宅配業者を絞り込むことができたら、見積もり
依頼を行う。第2候補の業者に対しても同様に見積もりを依頼する。複
数の業者に見積もりを依頼することにより、相場を把握するとともに、
別業者との交渉の材料としても利用できる。

見積もり依頼は、自店の所在地の担当営業店に連絡し、セールスドラ
イバーを通じて交渉を行うのが基本だ。

● 割引交渉のポイントは出荷数量と配達エリア

宅配業者側が割引を行う際に重要視しているポイントは「出荷数量」
と「配達エリア」である。つまり、数量が多ければ多いほど、また出荷
エリアが限られるほど業者としては割引しやすくなるのである。

このため見積もり依頼にあたっては「単に見積もりしてください」と
お願いするのではなく、「1日20個以上が目標」や「関東発送のみ割引
してほしい」といった具合に、具体的な割引交渉の材料を持って交渉し
ていく。

開店準備段階で実績ゼロの状況では、「1日10個送れます」などと空
約束するのではなく、「1日10個が目標です」と当面の見通しを説明し、
業者の判断に任せることになる。

各社から見積もりが提示されたら比較検討のうえ、一番良い条件を提
示した業者と契約を結ぶこととなる。

なお、宅配業者から「割引は不可能」と言われた場合は、「それはな
ぜか」を聞き出し、「1日20個以上なら割引可能」といった具体的な条
件を確認しておく。最初は通常料金でその宅配業者を利用し、条件がク

リアされた段階で、あらためて割引交渉を行えばよい。

割引交渉のポイント	
出荷数量	ある程度の出荷ボリュームが見込めるショップであれば、宅配業者は基本料金の割引に応じる可能性がある。
配達エリア	特定の配達エリアに出荷が集中する場合、そのエリア向け料金に限って割引してもらえる可能性がある。

● 送料の設定を行う

　宅配業者と契約を結んだら、「送料設定」に入る。基本的には「送料は顧客に負担してもらう」と考えるべきだ。

　人気の高いネットショップの中には「送料無料」を実施しているところもあるが、その部分だけを真似してしまい、送料の自己負担額が増えてしまうと、経営に負担がかかることになる。こうした送料設定は、利益を生み出すことができてから検討するべきものだ。

　ただし、高額商材や利益率が高い商材を取り扱うショップで、送料の自己負担コストを吸収するだけの利益が確保できるなら、「送料無料」に設定することも可能だろう。

　また、開店したばかりのショップでも、以下に示す3つの送料設定は運用可能である。いずれも販促効果が期待できる送料設定だ。

■全国一律○○円

　基本的に宅配料金は、遠方への配送ほど高くなる。これをそのまま送料に反映させるのではなく、エリアごとの送料の平均値を取り（一部離島等は外す）、その料金を全国一律の送料に設定する。公平感があり、遠い地域を含めた全国各地からの注文を増やす効果が期待できる。

■○○円以上購入で送料無料

　多くのネットショップが実施しているサービスで、客単価を上げる効果が期待できる。無料になる金額は、「平均客単価（売上÷購買件数）」に「平均商品単価（売上÷延べ購買商品件数）」を上乗せした合計額に設定するのが基本。

　そのほか「平均客単価」に「低価格商品1〜2品」を上乗せする方法もある。顧客に「あともう1品買えば送料がタダになってトクする」と思ってもらうことで、客単価のアップが狙える。

① 「平均客単価」に「平均商品単価」を上乗せした合計額
〈例〉 平均客単価＝ 4,000 円　＋　平均商品単価＝ 2,500 円 ↓ 6,500 円以上送料無料！
② 「平均客単価」に「低価格商品 1 〜 2 品」を上乗せした合計額
〈例〉 平均客単価＝ 4,000 円　＋　低価格商品＝ 2,500 円と 1,000 円 ↓ 7,500 円以上送料無料！

■送料無料キャンペーン

　開店時のスタートダッシュやバーゲンシーズンなど、期間限定で実施する。購入を迷っている顧客の背中を押す効果がある。サイト上には「○月○日まで」と期間限定であることを明記する。

6-6 | 設備・機材・環境など

● ネットショップに必要な設備・機器

　ネットショップを運営するためには、パソコンなどの設備・機材が必要となる。また、スタッフが作業しやすいように、そうした機材を機能的に配置した作業環境も確保しなければならない。

■設備・ソフトウェア

　設備・機材としてまず揃えておく必要があるのはパソコン、プリンタ、デジタルカメラ（以下デジカメ）の3つ。また、パソコンでネットショップ運営に必要な作業をするためには、画像編集ソフトなどのソフトウェアも必要となる。

　以下に必要な機材と用意する際の注意点をまとめておく。

パソコン
【用途】
Web サイトの作成、商品写真の加工、顧客とのメール連絡など、ネットショップの構築から運営・管理まで、基本的にはすべてパソコンで作業する。
【パソコン本体】
デスクトップ型とノート型のどちらでも構わないが、モニタは大きいサイズのほうが作業しやすい。
【OS】
作業するうえでは、Microsoft 社の Windows シリーズと Apple 社の Mac OS シリーズのどちらでもよい。ただし、開発元のサポートが終了した古い OS は、セキュリティ上の危険性が高いので使用しない。

プリンタ
【用途】
商品を発送する際に使用する宅配便の送付状や、商品に同梱する納品書や請求書の印刷に利用する。
【インクジェットプリンタ】
インクを微滴化し、被印字媒体に直接吹き付けて印刷するプリンタ。価格が安く導入しやすいが、一度に大量印刷するのには適していない。印刷スピードの速さをチェックして購入すること。なお、大量印刷にはレーザープリンタのほうが向いているが、インクジェットよりも高価である。
【ドットプリンタ】
ピンを縦横に並べた印字ヘッドをインクリボンに叩きつけることにより印刷するプリンタ。複写式の送付状や伝票の重ね印刷をする際に必要となるが、それ以外の用途ではあまり使われていない。宅配便の送付状も、現在はインクジェットやレーザープリンタで印刷可能。

OSのサポート
各OSのサポート状況については、開発元のWebサイト情報を確認すること。

デジタルカメラ

【用途】
　商品撮影に使用する。ショップに関する情報をブログや SNS で発信するショップが増えており、活用の場が広がっている。

【デジタルカメラ選びのポイント】
　最近のデジタルカメラは 2,000 万画素を超えるものも珍しくなく、Web サイトに掲載する写真の撮影には必要十分な性能を有している。デジタルカメラを選ぶ際の機能面のポイントは以下のとおり。①ズームしても画像が荒くならない光学ズームの搭載②商品のアップ写真を撮影するマクロ機能③写真の明るさを補正する露出補正機能。また、スマートフォンのカメラの性能も向上しており、商品撮影をスマートフォンで行う場合もある。スマートフォンでの撮影のポイントは以下のとおり。①撮影時に手ブレが発生しないよう固定する器具を用意する②ズーム機能は使用しない③ズームする場合は専用レンズを用意する。

その他の機器

【スキャナ】
　本や CD など、厚みのない商品の画像が必要な場合は、スキャナを利用する。印刷物に光を当てて読み取り、デジタルデータとしてパソコンに取り込むことができる。プリンタにスキャナ機能が付属した複合機もある。

【外付けハードディスクなど】
　パソコン内のデータは、故障や誤動作による消失に備え、バックアップしておく必要がある。外付けハードディスクや USB メモリなどのバックアップ用メディアを必ず用意しておくこと。

ソフトウェア

【アンチウイルスソフトウェア】
　パソコンがウイルスに感染した場合、ネットショップ側のパソコンに不具合が生じるだけでなく、保存している購入者のメールアドレス宛にウイルスをばらまいてしまう危険があるので、必ず導入する必要がある。

【画像編集ソフト】
　デジタルカメラで撮影した画像のサイズ修正や画像補正に必要。人目を引くロゴやバナーを作成するときも使用する。

【その他】
Microsoft Office もしくはこれと同等の機能を持つオフィス系ソフトは持っておいたほうがいい。Word は書類や簡単なチラシ・カタログの作成、Excel は売上げデータなどの集計・分析や商品管理・顧客管理などに活用する機会が多い。

商品撮影
207ページ「商品写真の撮影」参照。

参考
動画撮影機能
現在、ほとんどのデジタルカメラやスマートフォンが動画撮影機能を有しているので、動画をYouTube などにアップして販促ツールとして使うこともできる。

複合機
1台でプリンタ、スキャナ、コピー、ファクシミリなど、複数の機能を持つ機器のこと。

アンチウイルスソフトウェア
ウイルス対策ソフトと呼ばれることもある。製品ラインナップも、各社充実している。システムのセキュリティについては77ページ参照。

主な画像編集ソフト
Photoshop Elements
PaintShop Pro

■作業環境

　パソコンやプリンタは、作業スペースの動きやすさを考えて配置する。ネットショップの作業環境は、ルーティン業務の流れ（170ページ参照）に沿って、スタッフがスムーズに動けるレイアウトが求められるからだ。

　具体的には、注文を受け付ける「デスク周り」、納品書や発送伝票などを出力する「プリンタ周り」、商品を置く「在庫スペース」、商品を梱包する「梱包作業場」の4つのブロックを「受注→梱包→発送」の作業が円滑に進むように配置する。

　特に一連の作業を一人のスタッフが行う場合は、この作業スペースの配置の良し悪しによって、作業時間も作業品質も大きく変わってくる。「プリンタ周り」→「在庫スペース」→「梱包作業場」は、人の動きに配慮したレイアウトを心掛ける。

　このうち「在庫スペース」については、"よく出る商品"は目立つ位置に、"大きな商品"は梱包スペースの近くに置くといった配慮も大切だ。

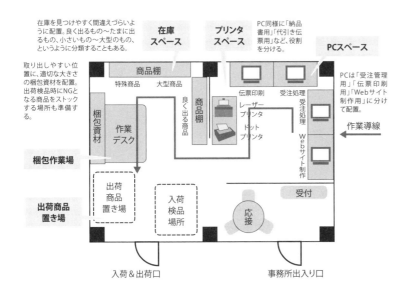

● インターネット接続環境

　ネットショップを運営するためには、パソコンをインターネットに接続する必要がある。また、Webサイトを開設するためにはサーバーを用意する必要がある。

■通信回線の確保とプロバイダ契約

　すでにネット環境が整っている場合はそのままで問題はないが、新しい事務所を開設した場合などは、新たにネット環境を整える必要がある。

一般的にインターネットを利用可能にするためには、①通信会社と通信回線の契約をする、②プロバイダとインターネット接続サービスの契約をする、といった2ステップが必要となる。

　ただし、通信回線を提供している会社がプロバイダを兼ねていることもあり、その場合は別途プロバイダと契約する必要はない。

■レンタルサーバーの契約

　Webサイトを開設するには、サーバーを用意する必要がある。自社でサーバーを持つことも可能だが、サーバーの維持・運用・保守にコストがかかるし、専門知識を有する技術スタッフも必要となる。

　このためネットショップを運営するうえでは、レンタルサーバーと呼ばれるサーバーのスペース（利用可能な記憶領域）を貸し出すサービスを活用するほうが現実的だ。レンタルサーバーを利用するには、「レンタルサーバー（ホスティング）事業者」と契約する。

　プロバイダもWebサイトを無料で開設できるサービスを提供しているが、サーバー容量や機能面で制約が多く、ビジネス用途には向いていない。

　なお、ASP型のショップ構築ツールには、レンタルサーバーもセットで付いている。楽天市場などのショッピングモールも、モール事業者が提供するサーバースペースを使うことになるため、新たにレンタルサーバー業者と契約する必要はない。

　「パッケージ型」のショップ構築ツールを使う場合や、完全に独自でショップを構築する場合は、レンタルサーバーの契約が必要になる。

サーバー
Webサイトの運用に利用するサーバーを「Webサーバー」と呼ぶ。HTML文書や画像などのデータを蓄積しておき、Webブラウザからの要求に応じて、HTML文書を表示したり、各種プログラムを実行したりする。

Webサイトの仕組み

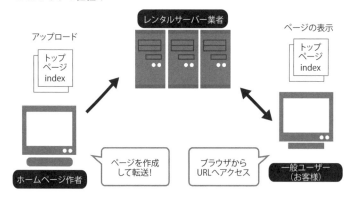

　レンタルサーバーは月額数百円という格安のサービスもあるが、あまり安いサーバーを選ぶと、サーバーがダウン（停止）する、回線速度が安定せずアクセスした側（消費者）のパソコンにWebサイトがなかなか表示されない、といったトラブルが生じる可能性もある。

　レンタルサーバーを選ぶ際は、下記の各項目をチェックして、ネット

ショップ用に十分利用可能かどうか評価したうえで契約を結ぶ。

レンタルサーバーのチェックポイント

・サーバーそのものの仕様（演算速度やメモリの容量）
・サーバー管理ツールやメール機能のセキュリティ対策
・メンテナンス体制
・Web サイトデータ保存容量
・ウイルス対策
・CGI の利用
・提供されるメールアドレスの数
・サポート体制
・SSL の利用
・通信回線（バックボーン）の帯域
・冗長性
・アクセス解析ツールの提供

CGI
Common Gateway Interfaceの略。Web上で機能するプログラムの一種で、Webサーバーがクライアント（Webブラウザ）からの要求に応じて、動的なプログラムを実行させるための仕組み。

SSL
Secure Sockets Layerの略。Netscape Communications社が開発した、インターネット上で情報を暗号化して安全に送受信するプロトコル。プロトコルとは、ネットワークを介してコンピュータどうしが通信を行うために決められた約束事。

● 独自ドメインの取得

　独自ドメインとは「https://www.○○.com/」のように表示されるインターネット上の"住所"のこと。独自ドメインを取得すれば、ネットショップのURLやメールアドレスに使用できる。

　独自ドメインの利用は、基本的にレンタルサーバー（ASP型ショップ構築ツール含む）を使用していることが前提となる。

　楽天市場などのショッピングモールに出店する場合は、独自ドメインを使えず、「https://www.rakuten.co.jp/○○/」といった具合になる。また、プロバイダのWebサイト無料開設サービスなどでは、独自ドメインが使えないことが多い。

ドメイン取得のメリット

①ショップのアドレス（URL）が短くなり、覚えやすい。
②世界に一つだけのアドレスを持てるため、信頼感やブランドイメージが高まる。
③一度ドメインを取得すれば、解約しない限りずっと同じものが使用できる。

独自ドメインの使用
レンタルサーバー業者を代えたり、別のASP型ショップ構築ツールに移ったりしても、同じドメインを継続して使用できる。

　独自ドメインには「.com」「.jp」などがあり（106ページ表参照）、取得は先着順になっている。

種類	取得資格	備考
.com .net .org .info	個人、法人関係なく、誰もが取得可能	.com と .net は世界的にも一番多く使われているドメインで人気がある。
汎用 JP ドメイン名 （○○○ .jp）	日本国内に住所があれば企業・団体だけでなく、個人でも取得可能	従来の jp ドメインとは異なり、組織の種類を表す「co」「ne」といった組織種別を表記する必要のないドメインで、「汎用 JP ドメイン」と呼ぶ。
co.jp ドメイン名 （○○○ .co.jp）	株式会社、合同会社、合名会社、合資会社、有限会社、相互会社、特殊会社、その他の会社および信用金庫、信用組合、外国会社、企業組合、有限責任事業組合、投資事業有限責任組合、投資法人	外国会社については、日本において外国会社の登記を行っている場合のみ。ジョイントベンチャー、法人格のない組合、弁護士事務所、税理士事務所等は取得できない。
ac.jp ドメイン名 （○○○ .ac.jp）	学校教育法および他の法律の規定による学校、大学共同利用機関、大学校、職業訓練校、学校法人、職業訓練法人、国立大学法人、大学共同利用機関法人、公立大学法人	高等教育機関および学校法人・職業訓練法人が登録できる。なお。ed ドメイン名の登録対象となる学校組織は、ac ドメインを登録できない。
ed.jp ドメイン名 （○○○ .ed.jp）	保育所、幼稚園、小学校、中学校、高等学校、特殊教育諸学校、専修学校、各種学校、学校法人	主に 18 歳未満の児童・生徒が使用することを目的としている。なお、ed ドメイン名の登録資格を満たす学校等をまとめる学校法人・大学・大学の学部、および公立の教育センターと公立の教育ネットワークも、ed ドメイン名を登録できる。
or.jp ドメイン名 （○○○ .or.jp）	財団法人、社団法人、医療法人、監査法人、宗教法人、特定非営利活動法人、中間法人、独立行政法人、特殊法人、社会福祉法人、農事組合法人、協同組合、商工会、商工会議所、地方公共団体の組合、財産区、地方開発事業団、国際機関、日本国法に基づいて設立された法人等	非営利法人の 1 つ目のドメインとして人気がある。
ne.jp ドメイン名 （○○○ .ne.jp）	ネットワークサービス	インターネットを使ったサービスを行うためのドメイン。
go.jp ドメイン名 （○○○ .go.jp）	日本国の政府機関、各省庁所轄研究所、独立行政法人、特殊法人（特殊会社を除く）	日本国の政府機関・各省庁の所轄研究機関・特殊法人が go ドメイン名を登録できる。例えば、総務省は「soumu.go.jp」を、経済産業省は「meti.go.jp」を登録している。
gr.jp ドメイン名 （○○○ .gr.jp）	任意団体	ジョイントベンチャー、法人格のない組合、弁護士事務所、税理士事務所、社会活動団体等の組織が登録できる。登録要件は、その組織が「定まった名称を持ち」、「2 名以上の構成員がおり」、「代表者と副代表者がいる」任意団体であること。
都道府県 .jp ドメイン名	日本国内に住所があれば企業・団体だけでなく、個人でも取得可能	例）○○○ .tokyo.jp、 　　○○○ .osaka.jp

6章
ネットショップ事業の準備

7章

ネットショップの制作

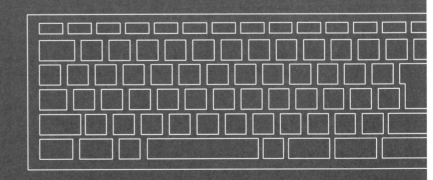

必要なページとサイト構造

● ネットショップを構成するページおよびサイト構造

　ネットショップを構成するページおよびサイト構造は、主にこのように
なっている。

　常識的な構造を崩すと、お客様がサイト内で迷ってしまい、ショップ
としての利便性を失ってしまう。

　商品ページだけでなく、その他すべてのページにおいて、常に「お客
様に必要なことが伝わっているか？　わかりやすいか？　迷わないか？」
をチェックする。

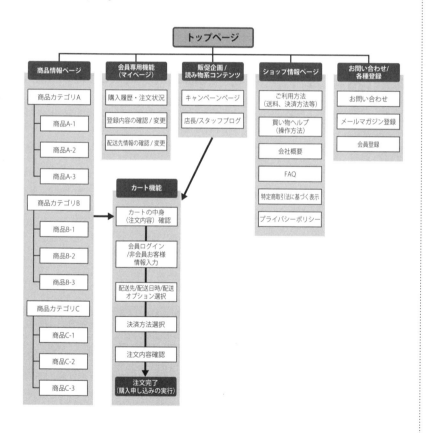

大分類	中分類	ページ名	説明
トップページ	トップページ（パソコン・スマートフォン）		何を扱っている店舗なのかが、ひとめでわかることが重要だ。また、各種カテゴリへ誘導するナビゲーションは必須である。他に、おすすめ商品、商品ランキング、キャンペーン情報、お知らせなど、常に変化する情報を掲載してサイトのにぎわい感を出す。
ショップ情報ページ	ショップ情報コンテンツ	・特定商取引法に基づく表示 ・プライバシーポリシー ・ご利用方法（送料、決済方法など） ・会社概要 ・買い物ヘルプ（操作方法） ・FAQ ・実店舗情報	ネットショップの詳細情報を掲載する。お客様が商品を購入する際に何らかの疑問を持っても、サイト内の情報で解決できるように、詳細かつ、わかりやすく記載する。
	販促企画／読み物系コンテンツ	・キャンペーンページ ・店長／スタッフブログ ・季節販促ページ	お客様の購入意欲をかき立てるためのコンテンツ。購入意欲が高まるテーマのページを作成し、ブログページでは「顔が見えるネットショップ」としての親近感や信頼感を高める。
商品情報ページ	商品カテゴリページ		商品を分類し、適切な商品に導くためのページ。さまざまな視点で分類を工夫する。商品ページから商品カテゴリページに戻り、別の商品を探すケースも多いので、個別商品のカテゴリ内での位置づけを明確に記載する。
	商品ページ		商品タイトル、説明文、写真、価格のほか、色、サイズなどの商品スペックも記載する。その商品の良さを伝えるために必要なコンテンツを工夫し、漏れなく載せる。
カート機能	カート機能	・カートの中身（注文内容）確認 ・会員ログイン／非会員お客様情報入力 ・配送先／配送日時／配送オプション選択 ・決済方法選択 ・注文内容確認 ・注文完了（購入申し込みの実行）	カートステップを表示したり、入力間違いをハイライト表示したりすることで、「カゴ落ち」（お客様がカートの中身確認〜注文完了の間で離脱すること）を防ぐことができる。
お問い合わせ／各種登録	お問い合わせ／会員専用機能	・お問い合わせフォーム ・メルマガ登録／会員登録 ・購入履歴 ・注文状況 ・登録内容の確認／変更 ・配送先情報	ショップ構築ツールの機能をそのまま利用することが多いが、定型の説明文を編集して、よりわかりやすい表記にする。

7-2 カラーデザイン

● 色の基礎

色には「色相」「明度」「彩度」の3つの属性がある。
色相…赤・青・黄・緑・紫など、「色み」のこと
明度…色の「明るさ」の度合い
彩度…色の「鮮やかさ」の度合い

● カラーデザインのルールを決める手順

色は、サイトに訪問した際の第一印象を決定づけるだけでなく、閲覧中の分かりやすさ、読みやすさという点でも重要な意味をもっている。よってカラーデザインは、「誰に、何を、どのように伝えるか」という角度から、慎重にルールを決めることが好ましい。

カラーデザインの目標は二つあり、一つは、商品や店の特徴を表現することである。もう一つの目標は、顧客ターゲットである閲覧者を「行動」に結びつけることである。自分の好みや感覚的な思い込みではなく、目標を意識して、論理的にルールを決める必要がある。

STEP1 「商品（店舗）コンセプト」に合わせてキーカラーを決定

ショップやブランドのコンセプトに合わせてキーカラーを決定する。キーカラーはショップのイメージを決定づける重要な要素である。ユニクロは赤、ティファニーはターコイズブルーといった第一に想起されるイメージがキーカラーである。販促物などもキーカラーをベースにデザインするため、慎重に決める必要がある。

STEP2 ターゲット顧客に応じてキートーンを決定

ターゲット顧客
86〜87ページ参照。

キーカラーが決まったら、ターゲット顧客にマッチしたキートーンを決める。顧客の年齢層や趣味嗜好に応じて、競合店舗なども参考にテストマーケティングしながら選定すると良い。

キートーン

キーカラー

商品コンセプト重視 ⟵⟶ ターゲット重視

STEP3　配色ルールの決定

　キーカラーとキートーンをベースに配色ルールを決定する。前述の通りカラーデザインは情報をスムーズに伝える役割を担っているので、一度決めた配色ルールは厳守すること。サイト全体および販促物にも配色ルールを徹底することで、ショップへの顧客ロイヤリティの向上も期待できる。

● キーカラーを選ぶ（色の印象）

■暖色・寒色・中性色

　色相は赤、オレンジ、黄色などの暖色系と青や青緑などの寒色系に分かれる。また紫や緑は中性色と呼ばれ、基本的にその色だけでは寒暖の印象を受けない。一般に暖色系は活発や興奮など動的なイメージがあり女性向けの色、また食欲を訴求する色である。一方、寒色系は沈静、落ち着きなど静的なイメージがあり男性向けの色である。

〈色相環〉

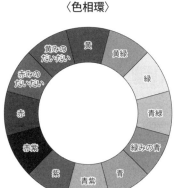

Webで使用する色相環
Photoshopなどのコンピュータアプリケーションでもっとも一般的に使われているのは「HSB」というカラーシステムである。HSBは色相を角度で表すが、これで色相環を作った場合、色相が偏っており見た目の差が均等でないので、色彩調和論に基づいた配色を理論的に説明することが難しい。色相環で配色を考える場合は、PCCSやマンセルシステムなど、知覚的に等間隔である顕色系のカラーシステムに基づくとわかりやすい。
111～113ページのカラー図は、ネットショップ能力認定機構のサイト内ページ参照。
https://acir.jp/dltext_color-html/

■色の心理的効果

赤	生命力、情熱、興奮、エネルギー、怒り、危険、攻撃的／力強く積極的な印象。誘目性が高く、気分を高揚させ行動を促す働きがあるので購入や問い合わせボタンにも多い。多用しすぎると、どこを目立たせたいのかわからなくなることがある。
ピンク	優しい、柔らかい、女性的、幸福、愛、甘い、かわいい／気持ちを穏やかにし、幸せな気分にする色。柔らかで可憐な印象。女性や赤ちゃん向け。ピンクだけだと現実感のない印象があり、トーンによっては幼稚で安っぽい印象も。
オレンジ	暖かい、陽気、健康的、にぎやか、楽しい、カジュアル／明るく元気なビタミンカラー。心理的には精神的な苦痛を和らげる色。もっとも食欲に訴えかける色で食品関係のサイトに多い。使いすぎると「うるさすぎる」印象になる。
黄	希望、幸福、ユーモア、知識、未来、軽快、無邪気、注意集中力、好奇心／楽しく元気なイメージがあるので子供向けのサイトに使われる。大きな面積で使うと刺激が強すぎるので注意。白背景の場合は文字色として相応しくない。
緑	調和、安心、癒し、健康、リラックス、成長、新鮮／自然のイメージと結びつく緑は安らぎを与える色。環境に優しい印象があり、エコ商品、健康食品、医薬品向け。自然の色として緑を選ぶ場合は、自然界にはない高彩度の緑は避ける。
青	鎮静、冷静、爽快、男性的、誠実、平和、理性、孤独、保守的、クール、知的、堅実、信頼感／これらのイメージから多くの企業がコーポレートカラーに使用。使い方によっては、気分が沈み購買意欲が抑えられることもある。
紫	高貴、優美、神秘、癒し、エレガント、セクシー、不安／優雅でフェミニンな印象があり、ラベンダー、藤色などは女性向け、精神的な安らぎを与える商品に活用できる。個性が強く好き嫌いが分かれやすい色なので、使い方が難しい。
茶	堅実、安定、素朴、落ち着き、伝統、歴史、ナチュラル／樹の幹や大地を連想させる茶色は信頼や安心のイメージがある。食品の香ばしさや秋らしさの演出、体に優しいオーガニック商品など。古めかしい印象もあり好みが分かれる色。
白	清潔、純粋、無垢、正義、浄化、シンプル、透明感、未来／背景色としてはもっともスタンダード。濃い背景色では文字色としても使える。「余白」や「セパレーション」の役割としても重要な色。
灰色	あいまい、慎重、まじめ、知的、寂しさ、シンプル／クールで無機質な印象。都会的でシャープ、先端的なイメージのIT、自動車関係によく使われる。陰気、あいまいなイメージがあるが無彩色なので、どの有彩色とも合わせやすい。
黒	厳粛、重厚、威厳、高級感、神秘、フォーマル、モダン／灰色と同様、都会的で無機質な印象があり権威や高級感を表す色。ゴージャスなイメージを演出したいデザインにも欠かせない。面積が多いと重たい印象になる。

● キートーンを選ぶ（トーンのイメージ）

■トーンとは

　色の三属性のうち「明度」と「彩度」の複合概念を「トーン」（色の調子、色調）という。同じトーンでまとめると「やわらかい」「可愛らしい」などの「イメージ」を伝えることができる。

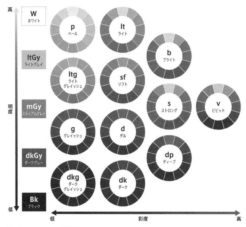

出典：ponsyon/PIXTA

■トーンのイメージ

トーン名	イメージ
ペール	軽い、淡い、弱い、優しい、かわいい、甘い、透明感／ロマンティックで清楚なイメージ。女性・ベビー向け。
ライトグレイッシュ	大人しい、上品な、エレガント、洗練された、繊細な／モダンでシックな大人の女性の雰囲気。冬のイメージ。
グレイッシュ	穏やか、濁った、渋い、年配、静的／落ち着いた雰囲気。一見地味だが上品な演出ができる。
ダークグレイッシュ	高級感、格調高い、堅い、ダンディ、フォーマル／重厚感があり、成熟した大人の男性向け。
ライト	澄んだ、さわやか、純粋、素直、無邪気／かわいらしさを感じる若い女性向け。春のイメージ。
ソフト	柔らかい、穏やか、やさしい、エレガント／日本の伝統色に多い。上品な女性らしい表現に合う。
ダル	上質、シック、ぼんやりした、濁った、地味／ナチュラル、ノスタルジックな雰囲気。
ダーク	円熟した、ダンディ、重厚感、高級感、クラシック／都会的で落ち着いたトラディショナルなイメージ。
ブライト	陽気、元気、明朗、健康的、フレッシュ、ポップ／親しみやすくカジュアルなイメージ。子供・若者向け。
ストロング	情熱的、活動的、豊潤、充実、ワイルド／印象としてはビビッドに近い。
ディープ	充実、伝統的、和風、実り、落ち着き、オリエンタル／レトロで懐かしい印象。秋のイメージ。
ビビッド	冴えた、派手な、目立つ、活発、積極的、スピーディ／パワフルでスポーティな雰囲気。夏のイメージ。

● 配色ルール（色相による配色）

　配色では、まずベースになる色（キーカラーもしくはキートーン）を決める。それをもとに類似した色（アソートカラー）を決定し、小面積でも目を引く対照的な色（アクセントカラー）を選ぶ。

　配色は大きく分けると「色相」による配色と「トーン」による配色がある。「色相」による配色では、同系色（①同一色相、②類似色相）の配色は統一感があり、まとまりやすいが、メリハリに欠け単調になりやすい。一方、反対色（③対照色相、④補色色相）による配色はインパクトのある配色だが、その半面、色の対比感が強すぎることもある。

①**同一色相配色**…赤とピンク、水色と紺など同じ色相の色だけで組み合わせた濃淡配色。

②**類似色相配色**…色相環で近い位置にある色どうしの組み合わせ。黄色と黄緑、赤とオレンジなど。

③**対照色相配色**…色相環で大きく離れた色どうしの組み合わせ。黄色と赤紫、赤と黄緑など。

④**補色色相配色**…色相環で正反対の位置関係にある色どうしの組み合わせ。黄色と青紫、赤と青緑など。

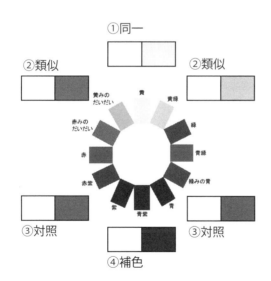

配色バランス
ベースカラー（基調色）：70%
アソートカラー（配合色）：25%
アクセントカラー（強調色）：5%

トーンによる配色
①同一トーン配色
②類似トーン配色
③対照トーン配色がある。

配色の参考サイト
●配色のシミュレーションができるサイト
○フォルトゥナ「ウェブ配色ツール」
○アドビ株式会社「Adobe Color」

●視認性・可読性が確認できるソフト
○伝わるデザイン研究発表のユニバーサルデザイン
○株式会社インフォアクシア「カラー・コントラスト・アナライザー」

トップページの要素

● トップページで意識すべき3つのポイント

　ネットショップにとってトップページは、実店舗の入り口（玄関）にあたる部分であり、お客様が迷った際に戻ってくるページである。インターネットでは、商品ページやカテゴリページ、販促用のランディングページからショップに入ってくることが多いが、基本デザインとともにショップ全体のコンテンツが集約されているのがトップページなので、十分にチェックが必要である。

　トップページでは、次の3つのポイントを意識する。

①色合いが客層や商品に合っている。
②販売商品がひと目でわかる。
③にぎわいがあり、期待感を抱かせる。

　このうち①は、前述の「カラーデザイン」で紹介したことを実践する。②と③については、次ページ以降で紹介するトップページの構成要素を、適切に配置していくことがポイントになる。

　サイトデザインというと「かっこよさ」や「創造性」を重視しがちだが、ネットショップのお客様は、知りたい情報が見つけやすい、表記がわかりやすいという「ネットショップらしさ」を求めている。

　基本的には「ショップ名・ロゴ・キャッチコピー」「トップビジュアル」「人気ランキング」「おすすめ商品」「サイトの更新情報」などを適切な位置に置くことで、何を売っている店であるかがひと目でわかるようになり、さらににぎやかさも演出できるようになる。

　なお「人気ランキング」「おすすめ商品」「サイトの更新情報」などは、頻繁に入れ替えていくことも欠かせない。これらのコンテンツが同じままでは「開店休業中」という印象を与えてしまう。

　トップページだけでなく、全体に言えることだが、これらネットショップ各要素の配置は特別変わったことをする必要はない。優良ショップを研究すれば、多くのネットショップが同じような配置であることに気づくだろう。配置が他のショップと同じということは、ユーザーが迷うリスクを減らすことのできる大きな利点だと考えるべきだ。定番の配置を理解したうえで、デザインやコピー、写真でショップのオリジナリティを出していこう。

優良ショップ
34ページ参照。

■スマートデバイスで注意すべき3つのポイント

　また、スマートフォンやタブレットなどのスマートデバイスで、PCと同様の構成で2〜3段組のような多くの情報を見ることは、ストレスにつながりやすい。移動中やスキマ時間に片手間で直感的に操作しているという前提を押さえ、次の3つのポイントに注意する。

①情報を詰め込み過ぎない
②ボタンなどタップできる要素を大きく
③ソーシャルメディアへの動線を強化

　トップページに必要な要素はPCと変わらないが、ファーストビューの情報量は1/3以下になる。優先順位をつけて上から配置し、情報を詰め込み過ぎない。ストレスなくタップできるよう、ボタンや画像の横幅や高さ、バナーの文字の大きさに配慮する。潜在顧客をつなぎとめる動線として、ソーシャルボタンなども活用するとよい。

　スマートフォンやタブレット市場の成長とともに、これらスマートデバイス経由でのサイト訪問者は年々増加傾向にある。必要条件として意識的に取り組んでいこう。

● トップページの構成要素

　トップページの構成要素を詳しく見ていく。また、ネットショップのすべてのページに配置すべき要素もこちらで解説する。

■ショップ名

　ショップ名はショップの顔ともいえる存在。一度決めたら変更することは難しいため、慎重に決めること。「商品のイメージ」「ショップのイメージ」がパッと思い浮かぶものをショップ名にする。なお、すでに利用されているショップ名は使わないように注意する。特に「珈琲貴族」「無印良品」といった知名度の高い店名は、商標権侵害等で訴訟問題に発展する可能性が高い。すでに商標登録されているかどうかは、特許庁の「商標検索サービス」で確認することができる。

　なお、ショップ名は、お酒を取り扱う店であれば「○○酒店」といった名前にするのがもっとも伝わりやすいほか、食品などでは「北海道」「銀座」などの地名が有効に働く場合もある。造語（文字を組み合わせるなど、個人で生み出した言葉）を使うケースもあるが、そのままでは検索されづらいというデメリットが考えられるため、採用する際には十分に検討したい。タイトルタグには「××のショップ○○」といった具合に、ショップ名○○の前にキーワード××を補足するとSEO効果が期待できる。

商標検索サービス
特許情報プラットフォームから検索できる。

■店舗のロゴ画像

　店舗のロゴ画像とは、ショップ名の文字と、ショップや商品のイメージを伝えるイラストや写真を組み合わせたもの。なお、実店舗があり、ブランドマークなどが決まっている場合は、そのブランドマークをロゴに使用し、公式オンラインストアなどと補足すると良い。ネットショップのすべてのページで左上に配置し、ロゴ画像からはトップページにリンクを張るのが基本だ。

■ネットショップのキャッチコピー

　続いて「ネットショップのキャッチコピー」を作る。具体的には検索キーワードを意識して、「専門性」や「自店のセールスポイント」から作るとよい。誰のためのどんなショップか瞬時に伝わるよう工夫する。ファーストビューに共感力のあるキャッチコピーがあるとエンゲージメントの改善も期待できる。

■トップビジュアル

　顧客が最初にアクセスしたとき、視線を誘導する役割を果たすのがトップビジュアル。店舗のロゴ画像とともに、重視すべき要素だ。トップビジュアルにはキャッチコピーも添える。

■トピックス

　ネットショップで特にアピールしたいキャンペーンをトップページに掲載。トピックス画像をトップビジュアルとして活用するネットショップも多い。

■更新情報

　トップページに「更新情報」を載せることで、活気が出てくる。具体的には「新商品」「キャンペーン企画」「お知らせ」などを載せる。更新情報は、更新日と内容の要約をリスト形式で載せるのが一般的。

　買いたい時だけでなく毎日訪問してもらえるショップを目指し、日々の更新を怠らないことが繁盛店へ繋がるポイントである。

■グローバルナビゲーション

　グローバルナビゲーションとは、ネットショップすべてのページに表示される共通メニュー項目のこと。「買い物かごを見る」「お問い合わせ」「商品一覧」「よくある質問」などをまとめて、ページの上部やサイドバーに表示する。同時にページの下部にもテキストリンクで表示するケースが多い。商品数が多い場合は主な商品カテゴリを追加するのもよいだろう。項目の設置場所と並び順はすべてのページで統一させる。これにより、サイト内のすべてのページに統一感を持たせることができ、サイト内でお客様が迷うのを防ぐ効果がある。

更新情報
最新の情報提供ツールとして、X（旧Twitter）やFacebookの「タイムライン」やInstagramの投稿写真を掲載するのもよいだろう。各ソーシャルメディアへの誘導にもなる。

スマートフォンではヘッダに固定メニューを配置するのが一般的。「メニュー」ボタンをタップするとカテゴリが展開する見せ方も有効だ。

■おすすめ商品、人気ランキング

にぎやかな雰囲気を演出するために欠かせないコンテンツが「おすすめ商品」「人気ランキング」である。頻繁に更新し、活気のあるトップページを印象づけよう。人気ランキングは、売れている商品、人気のある商品をランキング形式で載せる。最近のネットショップのほとんどが実施している。裏を返せば、それだけにぎやかさの演出に有効ということだ。

手作業で更新を行う場合は、在庫切れや販売期間が終了していないかなど、注意する必要がある。

■購入ガイド

ネットショップで買い物をする際に、「注文方法」「支払方法」「送料」などは必ず知りたい情報である。そのため、トップページでもわかりやすく情報を表示する。このコンテンツは、グローバルナビゲーションと同様に、すべてのページの固定位置（サイドバーまたは最下部など）に表示する。

■運営者やショップ情報

初めての訪問者や購入検討者は、信用できる店であるかをチェックしている。「過去の受賞歴」「メディア掲載」「運営者の顔写真」「店長のあいさつ文」「実店舗の情報」「店長・店員の持っている資格」などを載せることは、お客様の信頼を得ることに繋がる。

スマートフォンでは箇条書きでコンパクトにまとめるか、タップで展開する方法で表示する。

■商品カテゴリメニュー

販売している商品を探しやすいように分類し、まとめてトップページに載せることで、訪問者が目的の商品を見つけやすくなる。カテゴリの分け方としては家具であれば「チェア」「デスク」などといった具合に「商品種類別」に分類するのが基本だ。雑貨であれば「生活雑貨」「キッチン用品」「キッズ・ベビー」といった具合になる。

「商品種類別」に加えて「価格別」「用途別」などの分類方法もある。特定のブランドの商品が欲しい、予算に合う価格帯で比較検討したいなど、お客様のニーズはさまざまである。購入目的に合わせて商品を見つけやすくなるようカテゴリメニューを作ることは、他店との差別化を図るうえでも非常に重要である。

■読み物系コンテンツへの見出しやバナー

　読み物系のコンテンツを充実させ、訪問者を楽しませる工夫は来店者の増加や購入率のアップに結びつく。お花を扱っているのであれば「お花のお手入れ」などのコラムは必須だ。だが、これらの記事を全文トップページに載せるのは難しい。その場合は「お花のお手入れについて」という見出しをトップページに載せ、詳細ページへのリンクを張る。リアルの店舗で商品に詳しい店員が、その商品の「うんちく」を語るのに似ている。

■フッターエリア

　すべてのページの最下部には、「特定商取引法に基づく表記」「プライバシーポリシー」「会社概要」「お問い合わせ」などへのリンクおよびコピーライトを表示する。

■サイト内検索機能

　商品名や使用目的などのキーワードを入力して、ショップ内を検索する機能は、すべてのページに必ずつけておきたい。商品数が多くなるにつれて、訪問者は目的の商品にたどりつくことが難しくなるが、万が一ショップのナビゲーションが不十分だった場合も、検索機能を設置することで、お客様は商品を見つけることが可能になる。商品数が多い広大なリアル店舗で、案内カウンターを設置し「○○はどこに売っていますか？」と聞けるようにしているのに似ている。商品数の少ないこだわりのセレクトショップや非型番商品の場合は省略してもよい。

■その他の項目

　営業日カレンダーもトップページに掲載する。そのほか「お客様の声」「メールマガジン登録」など、各ページの内容もトップページにリンクを作成しておく。

　カート内にも掲載するのが親切な接客に繋がる。

7-4 ｜ 商品ページ

● 最終的な購買を決めるのが、商品ページ

トップページを見て、そのショップに関心を持ったお客様は、「商品カテゴリ」で最適な商品へのあたりをつけたのち、「商品ページ」に遷移する。また、検索エンジンでキーワード検索をしたお客様や、各種ネット広告で「この商品が気になる」とクリックしたお客様が、ダイレクトに「商品ページ」にアクセスするケースも多い。

「商品ページ」では、個別商品の紹介を行うとともに、購買を決める（カートに入れる）という重要な役割がある。そのため、お客様の購買行動を最大限に後押しする必要がある。

ネットショップではお客様が直接商品を手に取ることはできないため、商品ページは写真や文章を活用して、商品の魅力を存分に伝えていく。

実店舗で買い物をする場合、商品を眺めただけで購入の意思を固めるだろうか。多くの場合は、手に取ったり、商品のポップを読んだり、スタッフとの会話などを通じて、最終的な決断をしているはずだ。ネットショップでも、こうした状況を作り上げていくことが大切だ。

具体的には「商品タイトル」「キャッチコピー」「商品説明文」「商品詳細」「商品画像」の5つの構成要素が基本となる。

■商品タイトル

商品タイトルは、訪問者の目に真っ先に飛び込む要素だ。ただ商品名を載せただけでは不十分で「商品名」に「商品の特長」もプラスし、顧客の目を引き付けることが大切だ。

例えば、「苦みとコク」がポイントの珈琲であれば「苦みとコクが際立つ"○○珈琲"」といった商品タイトルになる。

SEOも考慮し、タイトルに使った「商品の特長」が、検索されやすいキーワードであるかもチェックする。

例えば、「iPhoneが入るポケット付き男性用カバン」を販売するとして、商品の特長は「ポケット付き」だけよりも「iPhoneが入るポケット付き」としたほうが、iPhone利用者に検索されやすくなる。訴求したいポイントを絞り込み、お客様が検索エンジンに入力するキーワードを推測するとよい。

ただし、ブランド品や家電など、「型番」や「正式名称」で商品を買い求める傾向が強いものについては、あえて「商品の特長」をプラスする必要はなく、型番等を商品名に加えればよい。英文字表記でも検索され

る可能性があるブランド名は、日本語表記のみでなく英文字表記も加える。

　商品タイトルは、ほかの文字（商品説明文など）よりも大きいサイズにしたり、文字色を変えたりして目立たせる工夫もすること。

　また、外国語で表記される商品や、読み方が難しい漢字が盛り込まれた商品などは、外国語や漢字のあとに読み仮名をつけておく。

■キャッチコピー

　商品の一番の魅力を"端的に伝えること"がキャッチコピーの役割である。キャッチコピーは「商品についての短い説明文」だという認識を持つ人も多いが、それは誤りである。「商品の特長」を一目瞭然にして、「お客様の心」をつかむための表記がキャッチコピーだ。

　ここではキャッチコピーに入れるべき代表的な7つの要素を紹介する。

（1）使いやすさ・わかりやすさ

　「操作性の良さ」など、その商品がどれだけ簡単に使うことができるかをアピール。見やすさ、丁寧さなどもアピールポイント。

（代表例）

　「簡単に」「すぐに」「誰でも」「直感的に」「短時間で」

（2）充実

　「量」「大きさ」など、充実感がセールスポイントの商品の場合、「すべて」「多くの」といった言葉の他に、具体的な数字も有効。量だけでなく「機能」などの充実も強調すべきポイント。

（代表例）

　「すべて」「いっぱい」「10大機能」「100％」

（3）役立ち感

　その商品がどれだけ役立つのかをアピール。「便利な」「最適な」などの言葉が代表例。必ず具体性を持たせること。どんな場面で役立つのか、メリットはどこなのかを、しっかり記述する。

（代表例）

　「役立つ」「便利な」「使える」「最適な」

（4）安さ

　「値段自体の安さ」のほか"500円均一""今だけ50％引き！"といった「お得感」も入る。なお「安さ」を訴える場合は「誇張表現」に注意すること。「地球一の安さ」などの言い回しは、誇大広告として訴えられる可能性があるので注意する。また、二重価格表記を行う場合は、不当表示にならないように注意する。

二重価格
慢性的なセール品が横行し、二重価格表示は社会問題にもなった。消費者庁のガイドラインを確認し、値引き前の価格で過去一定期間の販売実績があることを徹底すること。

（代表例）

「お求めやすい」「お値打ち価格」「激安」「今だけの価格」

（5）信頼性・安全性

　信頼性や安全性を求める顧客は多い。ただ「安全」と訴えるだけでは
なく「5年連続○○賞獲得」といった具合に、その根拠を具体的に示す
ことが肝心だ。これにより信憑性を高めることができる。

（代表例）

「安全な」「信頼のある」「実績」「評判」「○○賞受賞」「○○も推薦」

（6）味わい

　食品を扱う場合は、この味わいのアピールが基本となる。ただ「おい
しい」だけではなく、お客様が思わず「食べてみたい！」と思う言葉を
選びたい。

（代表例）

「まるで○○のような」「口の中でとろける」「味わい深い」「濃厚でク
リーミー」

（7）専門性・限定感

　他店では手に入らないことを強調する。「専門性」「希少価値」といっ
た言葉がある。

（代表例）

「厳選した」「当店のみ」「1年に一度の収穫」「先着○名様」

　このように「商品の特長」をもとに、キャッチコピー内に盛り込む要
素を見つけたら、いよいよコピーを作っていく。この際は「リズム感」
「読みやすさ」を大切にすること。そのほか「見た目」にも配慮する。
例えば「新鮮な農産物」というコピーを見たとき、漢字が多いと感じた
ら「新鮮な」を「フレッシュな」に置き換えるのも一つの方法だ。

■商品説明文

　商品タイトルやキャッチコピーで、好印象を抱いたお客様は、続いて
「商品説明文」に目を通し、購入を決定する。商品紹介ページにおいて、
最後にお客様の背中を押す存在が、商品説明文だと認識しよう。

　商品説明文を書くうえでは、何を考慮していくべきか？　ネット
ショップ繁盛店の商品説明文を見ていくと、いくつかの必須ポイントが
見えてくる。

（1）使い心地をストレートに伝える

　その商品の使い心地がセールスポイントの場合、実際の使用感を伝え
ることが重要だ。この使用感はスタッフが実際に使って、利用者視点の

イメージを伝えていく。

　なお、製品パンフレットなどに記載された作り手側から見た説明文の丸写しでは魅力が足りない。使用感を探るためには、利用しているお客様のレビューや口コミが参考になる。

（2）自店独自の視点や情報を盛り込む

　自店ならではの視点を盛り込むことで、オンリーワンを演出できる。例えば「収納バスケット」を扱っている場合、単なる収納用品でなく、さまざまな視点から使い方を提案したり、使わない時に重ねられるなど商品説明をすることで他店との差別化を図ることができる。

（3）商品をイメージできる文章を目指す

　どの商品にでも当てはまるコツ。商品を手に取れない訪問者に向かって、まるで「手に持っているような」「試用しているような」文章を目指す。

　なお、写真では伝えることのできない要素も、商品説明文で伝えること。例えば、写真では「甘そう」な苺ジャムが、新鮮な木苺100％を原材料としているため、食べると実は「甘酸っぱぁ〜い」といったことは、食べた感じを語らないと伝わらない。

（4）オンリーワンを伝える

　希少品やオリジナル品を扱っている場合、その部分を強調する。他にはない優れた点を、根拠を持って記述しよう。オンリーワンといえる部分が複数ある場合は、箇条書きにすることで商品力の強さを視覚的にもアピールできる。

　また、扱う商品によっても、商品説明文の書き方は変わってくる。

・食品系

　食品は、商材の信用力を高めることが大切。信用力アップには「安全」「安心」「美味しさ」の3つがカギとなる。それだけに「素材や原材料のこだわりや梱包状態」は盛り込みたい。美味しさは、食べたときの印象を書くことでアピールできる。

・雑貨・衣類系

　衣類の場合は、商品画像では伝えられない購入への決め手となるポイントをイメージし、それを重点的に伝えていく。「素材感」「質感」「着用後のイメージ」「色合い」「サイズ」などが挙げられる。例えば、サイズであれば「Sサイズですが、お財布は十分入ります」といった具合に説明することで、お客様は、実際の大きさをイメージしやすくなる。

・手作り系

　手作り系の商品の場合は、特に「完成度の高さ」をアピールしたい。

　お客様は「この商品は大丈夫？」と不安を抱いているものだからだ。そのため「原材料」「製作過程でのポイント」「お客様の声」「製作者の声」などを必ず紹介したい。

　なお、商品説明文に商品画像や図版やイラストをうまく組み合わせると、信憑性を高める、にぎやかさを演出するなどの効果があるので、うまく活用したい。

7-5 | 商品写真

● お客様の心理状態に合った商品写真を掲載する。

商品写真の撮影
207ページ参照

商品を手にとって見ることのできないネットショップにとって、商品写真の果たす役割は非常に大きい。

実際に自分が店舗でバッグを購入するときの、心理変化と行動を考えてみて欲しい。街角やショッピングセンターで何気なくバッグを探していて、目に飛び込んでくるのは何だろうか。ショーウインドーに飾られているものだったり、欲しいイメージどおりのデザインや色だったり、直感的に気になるものが目に飛び込んでくる感じだろう。

次に、近づいていって気になったものを選択、手にとって手触りや細部の機能、収納のサイズなどを確認する。さらには、鏡の前に行き自分の服装とのコーディネートなど、実際の使用シーンをイメージする。こうして購入意欲が高まってきたら、本当に買うのか、支払い方法はどうするかなどを冷静に考える。

ネットショップでも、この心理変化に合わせて、必要な商品写真を掲載する必要がある。

■クリックを促すメイン写真、サムネイル写真

1枚目に載せる写真は商品の顔とも言えるメイン写真だ。路面店のショーウィンドウやコンビニの雑誌の表紙のように「入店してもらう」「商品を手に取ってもらう」役割を果たす。メイン写真はカテゴリページの商品一覧でクリックされる決め手となる重要な位置づけである。

モールやマーケットプレイスではサムネイル写真が売上に与える影響が大きいため、白い背景の単調な写真よりも、衣料品であれば、商品の魅力を引き立てるモデル写真や身長・体型別の着用イメージ写真、小物でスタイリングされたイメージ写真を使うと良い。

スマートフォンでは商品一覧をフォトギャラリーとして見る感覚で閲覧している。スクロールする指を思わず止めるようなインパクトや感性も要求される。

■購入後のイメージを伝える写真

商品ページでは、商品を買うことで得られる体験を写真で伝えると効果的である。ここでは商品のディティールを正確に見せる必要はない。

洋服であれば、普段着・仕事着・お出かけ用といった利用シーンにおけるコーディネートを、モデルを使って提案する。テーブルウェアであれば、食器に実際の食材を盛りつけた食卓のイメージや舌鼓を打つ人の写真で演出する。ギフト品であれば、イベントごとのラッピングやもらった人の笑顔をイメージさせる。

このような価値を写真で見せることにより、商品のスペックや価格以外で他店と差別化することができる。

■比較・検討するディティール写真

メイン写真やイメージ写真で購入意欲を高めたお客様は、購入の判断にさらなる情報を求める。そこで、その商品の持つ色・形・大きさ・質感といった細部の特長や差別化のポイントを写真と文章を組み合わせて説明する。

前述したように、ネットショップでは商品を手に取ることができない。いくら購入意欲が高まっても、最終的に商品の正確な情報が分からない状態では購入には至らない。

ディティール写真をメーカーから支給された1枚の写真で済ませているショップは論外である。商品写真は何枚あっても多すぎることはない。お客様の目線に立って1枚でも多くの写真を掲載するよう努めよう。

7-6 商品基本情報

● 商品基本情報

商品基本情報とは、ここまで紹介したコンテンツ以外の情報で、「価格」「商品の仕様」等のことを指す。商品ページの中で、その商品についての情報を表形式や箇条書きにしてまとめる。

商品を購入いただく際に必要な情報をすべて掲載する。

■価格

商品の価格表示は消費税法で税込の商品価格を表示する「総額表示」が義務付けられている。具体的な表示方法は以下の4通りである。

> （例）税込価格1,650円の場合（※）
> ・1,650円　・1,650円（税込）　・1,650円（税150円）
> ・1,650円（本体1500円＋税150円）

※上記は消費税率10%の表示価格例である。

書籍の場合の消費税総額表示について
日本書籍出版社協会
「ガイドライン」を参照。

■商品の仕様

購買意欲を持ったお客様は、最終的にサイズや容量等、商品の仕様を確認し、購入を決定する。そのため、できるだけわかりやすく、かつ具体的に記載する必要がある。

〈衣類・手作り品・食品の詳細情報の例〉

衣類	手作り品
・サイズ（各部位の長さ、号数等） ・素材 ・色柄 ・取り扱い方法 等	・原料、材料 ・大きさ、重さ ・取り扱い方法 ・保管方法 等
食品	
・原料、材料　・容量　・人数分量（例：3人分）　・賞味期限　・保存方法 ・配送方法（例：冷凍便で配送）　・その他の注意事項 等	

例えば衣類でも、詳細な商品スペックを掲載することで、購入前の不安や疑問の解消に繋がる。

7-7 ┃ ランディングページ

● ランディングページの定義

■ランディングページとは何か

　一般的に、ランディングページ（LP）は２種類の意味がある。ユーザーがWebサイトに最初にアクセスする際の「着地」ページ。そして、もう一つがWebサイトの特定の目的を達成するために設計された単一のWebページである。ここで扱うのは後者となる。通常、ランディングページは広告キャンペーンや特定のプロモーションの一部として使用され、訪問者を特定の行動に誘導するために最適化されたものであることを押さえておきたい。

■ランディングページの目的と役割

　ランディングページは、Webサイト全体とは異なり、特定の目的に焦点を当てたデザインとコンテンツが特徴である。一番の目的としては、特定の商品、サービス、プロモーション、キャンペーンに関心を持ったユーザーを集め特定の行動を促進すること（購入、資料請求、メルマガ登録など）。

　１ページに１つの商品（サービス）だけを紹介するケースが一般的である。また縦に長いページが多いことも特徴の一つである。

■ランディングページの重要性

　広告キャンペーンを実施する際、着地点をWebサイトに設定すると、別のページへ流れてしまい、プロモーション効果が薄れてしまうことがある。一方、ランディングページはキャンペーン中の商品のみを単体で訴求するため、ユーザーの視線を集中させることができ、通常のWebサイトに比べて離脱を防ぐ効果がある。

　特にネット広告やメルマガでのプロモーションとの相性がよく、Webでの販売促進効果を高めるために重要な役割を果たしている。

● ランディングページの構成要素

　ランディングページに必要な構成要素は次のとおりである。

・ファーストビュー

　ファーストビューは、ランディングページの最初に訪問者に表示される部分。タイトル、ヘッダー画像、キャッチフレーズなどが含まれる。訪問者の関心を引きつけ、ページの内容に興味を持たせる役割を果たす。

・上部のコールトゥアクション（CTA）

　ページの上部に配置されたボタンで、訪問者に特定の行動を促す。例えば、購入ボタンやサンプル請求ボタンなど。

・特徴やメリットの訴求

　商品やサービスの特徴やメリットを強調するセクション。3つのメリット、5つの○○など端的に表現するとよい。

・商品説明

　商品やサービスの詳細な説明が含まれるセクション。機能、利点、使用方法などを掲載し、ユーザーの理解を深める。

・エビデンス（社会的証拠）

　信頼性を高めるために、商品やサービスの成分や質、数値、検証結果などのエビデンスを示す。これにより、ユーザーに信頼感を与える。

・画像や動画（必要に応じて）

　商品やサービスの魅力を視覚的に伝えるために、画像や動画を使用する。例えば、利用シーンがわかる商品写真、商品を使用している動画など。

・実績

　販売実績数などを記載するセクション。購入数を数字で示すことで新規ユーザーに安心感を与える。

・顧客の声

　顧客からのレビューや評価を掲載するセクション。他の顧客の成功体験や満足度を訪問者に示し、信頼性を高める。

・Q&A

　よくある質問とその回答を提供するセクション。訪問者の疑念や質問に答え、不安を払拭する役割を果たす。

・下部のコールトゥアクション（CTA）

　ページの下部にもう一度コールトゥアクション（CTA）を配置し、ユーザーに行動を促す。

　必ずしもすべての要素を入れる必要はないが、これらの要素を組み合わせて、効果的なランディングページを構築することが望ましい。目的やターゲットオーディエンスに応じて検討しよう。

ファーストビュー
(メインビジュアルや
キャッチコピー)

購入はこちら

こんなメリットがあります！
1.xxxxxxxxxxxxxxxxxxxxx
2.xxxxxxxxxxxxxxxxxxxxx
3.xxxxxxxxxxxxxxxxxxxxxxxx

商品説明
エビデンス

動画

実績

お客様の声

ここにテキ
ストここに

ここにテキ
ストここに

ここにテキ
ストここに

ここにテキ
ストここに

よくあるご質問

Q:ここに質問テキストここに
A:ここに回答ここに回答ここ
に回答ここに回答

Q:ここに質問テキストここに
A:ここに回答ここに回答ここ
に回答ここに回答

Q:ここに質問テキストここに
A:ここに回答ここに回答ここ
に回答ここに回答

Q:ここに質問テキストここに
A:ここに回答ここに回答ここ
に回答ここに回答

お申し込みは今すぐ！
今ならxxxxxxxな特典あり

購入はこちら

特定商取引法に基づく表示など

● 明記が義務付けられている項目についてのページを作成

特定商取引法は、通信販売等、事業者と消費者の間で問題になりやすい取引を規制し、未然に消費者被害を防ぐことを目的とした法律である。

ネットショップを含む通信販売業には特定商取引法によって、販売条件の表示が義務づけられている。

そこで、サイト内に「特定商取引法に基づく表示」のページを作成し、必要項目を表等にまとめて掲載することが一般的である。また、このページは、すべてのページからリンクを張り、どのページからでも簡単に移動できるようにすることなどが適当である。

「特定商取引法に基づく表示」に記載する項目	
・販売事業者名	・商品の代金以外の必要金額
・業務責任者名	・代金の支払い時期
・ショップの住所	・商品の引き渡し時期
・電話番号	・支払方法
・メールアドレス等の連絡先	・返品条件
・販売価格	等

それでは、上に挙げた項目の中で特に注意すべきものについて、細かく見ていく。

■販売事業者名

個人事業主の場合は、戸籍上の氏名又は商業登記簿に記載された商号を表示する必要がある。会社組織の場合は登記簿上の名称を記載する。「通称」や「屋号」、「サイト名」は不可。

■業務責任者名

会社組織にしている場合、代表者あるいは業務責任者の個人名をフルネームで記載する。ここでいう責任者とは、通信販売に関する業務の担当役員や担当部長等、実務を担当する者の中での責任者を指す。必ずしも代表権を持っていなくても構わない。

■ショップの住所、電話番号、メールアドレス等の連絡先

住所は所在が特定できるよう詳細な番地まで表示する。「神奈川県鎌倉市（以下の住所は注文時にお知らせします）」という表記は不可。なお、個人事業主がバーチャルオフィスを利用している場合には、当該バー

特定商取引法
65ページ参照。

特定商取引法による表示義務
（詳細）
・販売価格（役務の対価）、送料
・代金（対価）の支払い時期、支払い方法
・商品の引き渡し時期（権利の移転時期、役務の提供時期）
・商品（指定権利）の売買契約後の申し込みの撤回または解除に関する事項（返品特約がある場合はその旨を含む）
・事業者の氏名（名称）、住所、電話番号
・事業者が法人であって、電子情報処理組織を使用する方法により広告をする場合には、当該販売業者等の代表者または通販に関する業務の責任者の氏名
・事業者が外国法人または外国に住所を有する個人であって、国内に事務所等を有する場合には、その所在場所および電話番号
・申し込みの期間に関する定めがあるときは、その旨及びその内容
・販売価格、送料等以外に購入者等が負担すべき金銭があるときには、その内容およびその額
・引き渡された商品が種類または品質に関して契約の内容に適合しない場合の販売業者の責任についての定めがあるときには、その内容
・いわゆるソフトウェアに係る取引である場合には、そのソフトウェアの動作環境
・契約を2回以上継続して締結する必要があるときは、その旨および販売条件または提供条件
・商品の販売数量の制限等、特別な販売条件（役務提供条件）があるときには、その内容
・請求によりカタログ等を別途送る場合、それが有料であるときには、その金額
・メールによる商業広告を送る場合には、事業者のメールアドレス

チャルオフィスの運営事業者が個人事業主の現住所や電話番号を把握しており、個人事業主に連絡が取れるようになっている等、一定の場合には、バーチャルオフィスの住所や電話番号を表示することも可能である。

　ファックスでの問い合わせや注文を受け付けていない場合は、ファックス番号を記載する必要はない。

■販売価格

　販売価格は実売価格を明示する。「時価」という表記は不可。ただし、販売価格は「特定商取引法に基づく表示」のページではなく、各商品ページに表示すればよい。

■商品代金以外の必要金額

　ネットショップで買い物をする際に、商品代金（商品代金＋消費税）以外でかかってくる金額を記載する。「送料」「代金引換手数料」「梱包料金」「設置費」等である。「代金引換手数料がかかります」ではなく「代金引換手数料230円がかかります」と具体的な金額を明記する。

　なお、「送料」については、地域、購入金額等によって異なる場合は、その条件も明記する（個々の商品ごとに送料が表示されていなくても構わない）。「送料実費」等の表示は不可。

【表示例】
・全国一律○○円
・すべての地域について表示
　○○円（北海道）
　○○円（北東北）
　○○円（南東北）
　・・・
　○○円（沖縄）

　ただし、すべてのケースの送料を表示すると、複雑でわかりにくくなる場合は、①最高送料と最低送料、②平均送料、③送料の数例といった表示でも構わない。

【表示例】
・最低送料と最高送料の表示の場合
　送料○○円（東京）〜○○円（沖縄）
・平均送料の表示の場合
　送料○○円（約○％の範囲内で地域により異なります）
・数例の表示の場合
　送料○○円（東京）
　○○円（大阪）

○○円（鹿児島）

■代金の支払い時期

　注文後、あるいは商品到着後、どのくらいの時期で代金を支払う必要があるかを明記する。支払い時期を明記していないと、購入者からいつまで経っても代金を支払ってもらえない事態を招く可能性が高くなるので必ず載せること。ネットショップでよく見られるのは「注文後7日以内」という表記である。

■商品の引き渡し時期

　いつ商品を届けるか、具体的な時間や期限を明記する。ただし、「直ちに」や「即時」等の表現も可能である。

【表示例】

・前払いの場合

「代金入金確認次第、速やかに発送します。」

「代金入金確認後、○日以内に発送します。」

・後払いの場合

「ご注文確認後、○日以内に発送します。」

・クレジットカード決済の場合

「クレジットカード利用の承認が下りたあと、○日以内に発送します。」

・受注生産の場合

商品ごとに、準備に必要な日数を考慮して発送時期を明示する。

■支払方法

　どんな支払方法があるのか、どのような手順で支払ってもらうのか、前払いか後払いかを明記する。銀行振込等で発生する手数料についても、店側または客側のどちらが負担するのかも明記しておく。

　なお、支払方法が複数ある場合には、全て記載することが必要である。

■返品条件

　原則として、通信販売では、購入者の自己都合であっても、その契約に係る商品の引渡し（特定権利の移転）を受けた日から数えて8日以内であれば、購入者の送料負担で返品ができる。ただし、返品の可否や条件等についてあらかじめサイト内で表示していた場合には、その条件に従うことになる。

　そのため、生鮮食品等、不良品以外は返品を受け付けることが難しい商材に関しては「返品特約の表示」を行うことが適当である。なお、返品特約は、「特定商取引法に基づく表示」として、他の項目とともに表示が義務付けられている項目であるが、そのほかにも、購入者が容易に認識できるよう表示することが求められている。つまり、小さい字で見

参考
通信販売における返品特約の表示についてのガイドライン

つけにくい箇所にあるのはNGだということだ。

　具体的には、
・商品カテゴリや商品ページ、カート画面等に「返品について」ボタンを目立つ箇所（商品名や値段、注文ボタンの側）に配置し、「特定商取引法に基づく表示」や「ご利用ガイド」等返品についての詳細が記載してあるページへのリンクを張る。
・返品についての詳細は「お客様都合の返品」と「不良品」にわけ、「お客様都合の返品」の場合は商品別のルールも記載する必要がある。
・「生鮮食品は未開封でも返品不可となる」等、返品を受け付けない場合は受け付けないことを表示する必要がある。そのような、返品の可否、返品の条件、返品に係る送料負担の有無といった重要事項については、商品価格等と同じ文字の大きさとする、色文字・太文字を用いる、返品特約における他の事項（返金方法等）よりも大きな文字とするなど、より明瞭な方法で表示する必要がある。
・これらについては、「通信販売における返品特約の表示についてのガイドライン」が記載例を示しており、参考になる。

通信販売における返品特約の表示についてのガイドライン（一部抜粋）

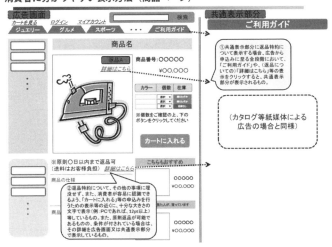

消費者に分かりやすい表示方法（商品ページ）

出典
消費者庁　特定商取引法ガイド
https://www.no-trouble.caa.go.jp/
（2024年2月閲覧）
「通信販売における返品特約の表示についてのガイドライン」
インターネットにより広告をする場合（消費者に分かりやすい表示方法）一部抜粋

消費者に分かりやすい表示方法（最終確認画面）

出典
消費者庁　特定商取引法ガイド
https://www.no-trouble.caa.go.jp/
（2024年2月閲覧）
「通信販売における返品特約の表示についてのガイドライン」
インターネットにより広告をする場合（最終確認画面における消費者に分かりやすい表示方法）
一部抜粋

● 申込画面（最終確認画面）における申込内容の表示

　通信販売においては、申込画面（最終確認画面）において、以下の事項を表示させることが義務付けられている。

申込画面（最終確認画面）に表示させるべき事項
・分量（数量、回数、期間など） ・対価（販売価格に商品の送料が含まれない場合には、販売価格及び商品の送料） ・対価の支払時期及び方法 ・商品の引渡時期、役務の提供時期 ・申込みの期間に関する定めがあるときは、その旨及びその内容 ・申込みの撤回又は解除に関する事項

　これらの詳細を一つの画面上ですべて表示しなければならないわけではなく、例えば「申込みの撤回又は解除に関する事項についてはこちら」といった形で、詳細はリンク先の画面で表示することも許容される。

　なお、購入者を誤解させるような表示は禁止されている。例えば、「送信する」、「次へ」といったボタンが表示されているが、それをクリックすると最終的な契約の申込みになることが不明確である表示方法や、「お試し」や「トライアル」と殊更に強調しつつ、実際には定期購入契約となっていたり、解約に条件があり容易に解約できなかったりするような表示態様は、避けるべきである。

　以下では、上記の各事項についてさらに詳細を説明する。

■分量

　販売する商品などの態様に応じてその数量、回数、期間などを購入者が認識しやすい形式で表示する必要がある。

　また、定期購入契約においては、各回に引き渡す商品の数量等のほか、当該契約に基づいて引き渡される商品の総分量が把握できるよう、引渡しの回数も表示する必要がある。サブスクリプションの場合についても、役務の提供期間や、期間内に利用可能な回数が定められている場合にはその内容を表示しなければならない。解約を申し出るまで定期的に商品の引渡しがなされる無期限の契約や無期限のサブスクリプションの場合には、その旨を明確に表示する必要もある。

■対価

　複数の商品を購入する場合には個々の商品の販売価格に加えて支払総額についても併せて表示するとともに、送料は実際に購入者が支払うこととなる金額を表示する必要がある。

　また、定期購入契約においては、各回の代金のほか、購入者が支払うこととなる代金の総額を明確に表示しなければならない。各回の代金については、例えば、初回と2回目以降の代金が異なるような場合には、初回の代金と対比して2回目以降の代金も明確に表示しなければならない。サブスクリプションにおいてよくあるような、無償又は割引価格で利用できる期間を経て当該期間経過後に有償又は通常価格の契約内容に自動的に移行するような場合には、有償契約又は通常価格への移行時期及びその支払うこととなる金額が明確に把握できるようにあらかじめ表示する必要もある。

■対価の支払時期及び方法

　リンク表示や参照方法に係る表示をし、かつ、当該リンク先や参照ページにおいて支払時期や支払方法を明確に表示すること、あるいは、クリックにより表示される別ウィンドウ等に詳細を表示することも可能である。

■商品の引渡時期、役務の提供時期

　リンク表示や参照方法に係る表示をし、かつ、当該リンク先や参照ページにおいて引渡時期などを明確に表示すること、あるいは、クリックにより表示される別ウィンドウ等に詳細を表示することも可能である。

■申込みの期間に関する定めがあるときは、その旨及びその内容

　購入期限のカウントダウンや期間限定販売など、一定期間を経過すると商品自体を購入できなくなるものについては、その点の明示が必要となる。他方で、例えば個数限定販売のように、期間を設けているわけではない場合や、価格その他の取引条件（価格のほか、数量、支払条件、特典、アフターサービス、付属的利益等）について一定期間に限定して特別の定めが設けられているように、申込みそのものについて期間を定めているわけではない場合は、明示義務の対象とならない。

明示に当たっては、申込みの期間に関する定めがある旨とその具体的な期間が購入者にとって明確に認識できるようにする必要がある。例えば、「今だけ」など、具体的な期間が特定できないような表示では、表示したことにはならない。

■申込みの撤回又は解除に関する事項
　契約の申込みの撤回又は解除に関して、その条件、方法、効果などについて明示する必要がある。例えば、定期購入契約において、解約の申出に期限がある場合には、その申出の期限も、また、解約時に違約金その他の不利益が生じる契約内容である場合には、その旨及び内容も、明示すべき対象に含まれる。

通信販売の申込み段階における表示についてのガイドライン（一部抜粋）

【例1】

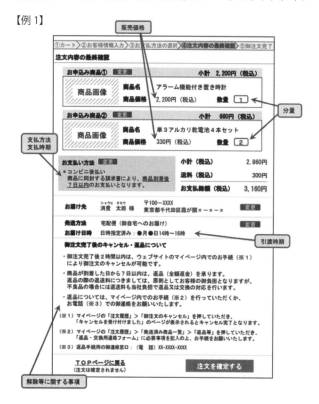

例1〜例4-2出典
消費者庁　特定商取引法ガイド
https://www.no-trouble.caa.go.jp/
（2024年2月閲覧）
「通信販売の申込み段階における
表示についてのガイドライン」
第12条の6に違反しないと考え
られる表示　一部抜粋

【例2】

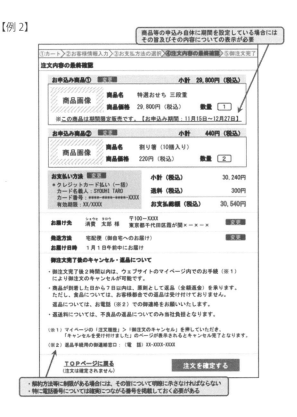

【例3】

【例4−1】

申込みの期間に関する定めがあるときは
商品名に併記する形式でも可

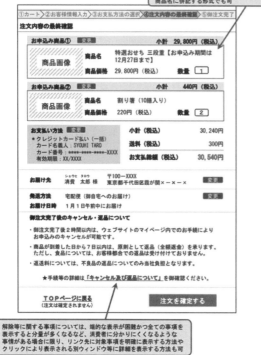

解除等に関する事項については、端的な表示が困難かつ全ての事項を
表示すると分量が多くなるなど、消費者に分かりにくくなるような
事情がある場合に限り、リンク先に対象事項を明確に表示する方法や
クリックにより表示される別ウィンドウ等に詳細を表示する方法も可

【例4−2】

申込みの期間に関する定めについては、
バナーやリンク先に詳細を表示させる形式も可

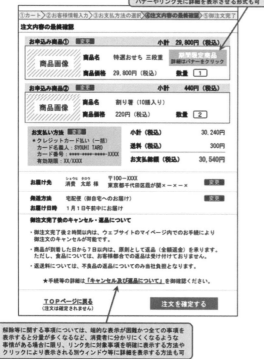

解除等に関する事項については、端的な表示が困難かつ全ての事項を
表示すると分量が多くなるなど、消費者に分かりにくくなるような
事情がある場合に限り、リンク先に対象事項を明確に表示する方法や
クリックにより表示される別ウィンドウ等に詳細を表示する方法も可

7章
ネットショップの制作

7-9 ┃ 注文フォーム

● 注文フォームに入力していただかなければ、購買は完了しない

　ネットショップで買い物をしていただく際は、必ず注文フォームをお客様に利用してもらう必要がある。

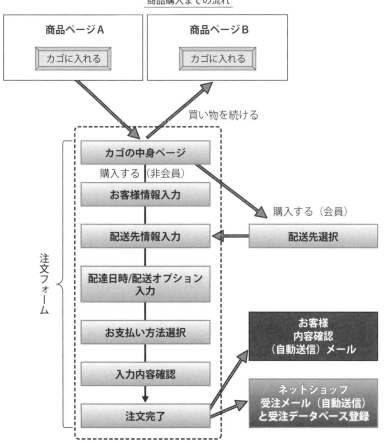

商品購入までの流れ

　「注文フォーム」は、商品違いや発送ミスなどのトラブルを起こさないために、とても重要なページと言える。

　ここでは注文から発送までトラブルを起こさず、スムーズに購買を完了できるポイントを押さえる。

　「注文フォーム」全体に関しては、入力する項目やページ遷移が多いため、お客様のストレスになりがちだ。それを緩和する手立てとして、今どこまで進んで、あと何ステップで完了するかを明示したナビゲー

ションがあるとよい。

　「お客様情報入力」では「名前」「住所」「電話番号」「メールアドレス」などの情報を入力してもらう。メールアドレスは記入ミスを起こしやすく、ミスがあると確認のしようがないため、2度入力してもらうように設計することが多い。なお、必ず記入してもらう項目には「必須」と記載して、お客様に注意を促すことも大切だ。

　「配送先情報」は、お中元やお歳暮などのギフトとして商品を購入する（購入者と受け取り者が違う）お客様に対し、送り先を記入してもらうために利用される。なお「注文者情報」と同じ送り先の場合は、一度の記入で済むように配慮すること。その他配送オプションとして、「ラッピングや熨斗_{のし}」なども選択できるとよい。

　「配達日時」も設置するとお客様の利便性が高まる。お客様の中には「土日に受け取りたい」「出張から帰ってから受け取りたい」などの要望を持っている人も多い。夜間に受け取りたいという希望のあるお客様や、出かける予定のあるお客様のために、「時間帯」も選べるようにしておきたい。

　「お支払い方法」は、扱っているすべての支払い方法を記載し、お客様に選んでもらうようにする。お客様がいつも利用している支払い方法が見当たらないと、注文を取りやめてしまう（通称「カゴ落ち」という）確率が高くなる。

　フォーム項目以外にも、お客様がお店に伝えたい補足事項を記入できる「備考欄」を設けておくとよい。「直前の注文と同梱して欲しい」「大切なプレゼントなので○○日までに送って欲しい」といった要望が意外と多い。顧客満足に繋がるのできめ細かな対応をしたい。

　移動中にスマートフォンで注文する場合、途中で通信が途切れる可能性を考慮して、ページ遷移は、1〜2ページで完結させるのが理想的。また、PCよりも入力にストレスを感じやすい方もいるため、住所入力補助機能や、クレジットカード番号を写真で読み込ませる機能など、新しい技術は積極的に取り入れるとよい。

　「メールマガジン」（199ページ参照）を発行しているのであれば、配信の承諾も、この注文フォーム上で取っておくといいだろう。

7-10 | その他のページ

● 疑問や不安を取り除き、お客様と信頼関係を結ぶためのさまざまなページ

ネットショップを訪れるお客様は、「商品の良し悪し」や「価格」に加えて「ショップの信用度・安心感、雰囲気」などについても確認している。お客様と信頼関係を築き、気持ちよく購買行動をしていただくためにどのようなページが必要なのかを解説する。

● お問い合わせフォーム

お客様からのお問い合わせの受付に役立つのが「お問い合わせフォーム」である。名前や件名、お問い合わせ内容を記入する欄を設けて、必要な情報を入力しやすくしておく。

お問い合わせフォームがないと、お客様は商品や購入過程で疑問を持ったとき、「どこで質問すればいいのかわからない」状態になり、サイトから離れ、二度と戻ってこなくなる可能性が高くなる。

● 即時解決できるWeb接客ツール

近年のスマートフォンへシフトする傾向から、お問い合わせフォームに加えてWeb接客ツールを導入する店舗も増えてきた。お客様にとっても、メールや電話よりハードルが低く、疑問点もすぐに解決できるため、購入に繋がりやすいのが特徴だ。

● ご利用案内

ご利用案内
ご利用ガイド、買い物ガイドなどと呼ばれることもある。

主に初めて来訪されたお客様に対して、どのような特長があり、どのようなサービスが受けられるか、支払い方法はどのようなものがあるかなど、提供するサービスの全体像を理解していただくためのページ。

「特定商取引法に基づく表示」は法律上の義務による内容構成だが、「ご利用案内」はよりわかりやすく、かつ購買の簡便さを伝える文章と図版や写真で構成する。

普段はお客様にとって無味乾燥な「ご注文からお届けまで」の説明も、写真と文章を物語的に構成することで、親しみを増すコンテンツになる。

● 買い物ヘルプ

初めてサイトを訪れたお客様は、どのように買い物を進めていったらよいかで迷いやすい。迷いが生じると「これでいいのかな？」と不安になり、途中で購買行動を止めてしまうこともある。そこで「購入する商品の選択」から「注文完了」までの流れを紹介する「買い物のヘルプページ」を用意しておく。

ヘルプページにおける説明はテキストだけではなく、実際の注文画面の画像や概念図、イラストなどを使うことで、より理解しやすくなる。ヘルプページは、どのページからでも確認できるようにグローバルナビゲーションに加える。

● プライバシーポリシー

参考
情報セキュリティポリシー
75ページ参照。

個人情報保護法
65ページ参照。

ネットショップでは、お客様から預かる個人情報（住所、氏名、メールアドレスなど）を、個人情報保護法に基づいて適切に取り扱っていることを明確にするため、個人情報の取り扱い方（プライバシーポリシー）を記載しておく必要がある。

個人情報保護法では、事業者に対し「利用目的の特定・公表」「適正管理、利用、第三者への提供制限」「本人の権利と関与」「本人の権利への対応」「苦情の処理」について、定義することを求めている。そこで、専用のページを作り、以下の項目について説明しておく。

・取引をする際に、どのような個人情報を取得するのか。
・取得した個人情報は、何のために利用するのか。
・取得した個人情報は誰が取り扱い、どのように管理するのか。
・取得した個人情報を第三者に提供できるのは、どのような場合か。
・個人情報についての問い合わせ先はどこか。

● よくある質問（FAQ）

ネットショップを運営していると、さまざまな質問がお客様から寄せられる。その中で「繰り返しいただく質問」については、「よくある質問（FAQ）」としてまとめたページを作っておく。「よくある質問FAQ（Frequently Asked Questions）」とは、よくある質問と回答をまとめたもの。これにより、お客様はいちいちネットショップ担当者にメールや電話で問い合わせることなく、自分自身で問題解決できる可能性が高くなる。

「よくある質問」はカテゴリ別に分けた質問一覧ページと、個別の「答

え」ページの組み合わせで作成するとよい。このような構成にすると、アクセスログによりお客様がどの質問を閲覧したのかがわかり、商品やサービスの改善に活かすことができる。またSEO対策としての効果も見込める。

● お客様の声

　商品紹介ページなどの「商品に対する情報」は、ショップ側から発信したもの。それゆえお客様に「ショップ側にとって都合のいいことだけが書かれている」という印象を持たれてしまうことも考えられる。

　そこで、実際に商品を購入したお客様の声を集め、サイト上で公開するようにしたい。これにより、お客様は「ショップ」と「購入者」両方の情報を得ることができる。口コミに近い効果が期待できるし、お客様主体の言葉を表示できるため、お客様視点のキーワードによるSEO効果も期待できる。

● メディア紹介ページ

　自社や実店舗、ネットショップなどがテレビや雑誌、ラジオ、他のWebサイトなどのメディアから取材された場合は、取材された事実と、第三者が作成した記事というコンテンツを徹底的に活用すべきである。メディアに掲載されたことをサイトに記載し、目立つように明記して来訪したお客様にアピールする。これによって、ショップの信頼度アップが期待できる。

　このときは「○○に紹介されました」とだけ書くのではなく、「媒体名」「紹介された商品」を載せて、商品にはリンクを張り、訪れたお客様がすぐに購入できるようにしておく。なお、紹介された記事をスキャンして無断で掲載するのは著作権侵害になる。必ず許諾をとってから載せる。

● スタッフ紹介

　実店舗においても、丁寧なスタッフの対応が購入の決め手となることが少なくない。

　ネットショップにおいても、お客様に親近感や安心感を持ってもらい、またキャンペーンや新製品情報などをわかりやすく楽しく伝えるために、公式X（旧Twitter）アカウント、公式Instagramアカウント、店長、スタッフのブログなどを設けるとよい。

　これらについては、203ページ以降で詳しく述べる。

　また、初めて来訪されたお客様に対してスタッフの紹介ページを作成し、「顔の見えるネットショップ」だとお客様に安心していただくことも必要だ。

7-11 | バナーの制作

● 商品の魅力を引き立てるバナーの作成

ネットショップのサイトは画像とテキストで構成するのが基本だが、それらを組み合わせたバナーや動画をうまく利用し、オススメ商品への動線の確保や、商品の魅力向上に努めよう。

スマートフォンにおいても、テキストよりも直感的に情報が伝わるため、バナーによるナビゲーションが主流となっている。

例えば、衣料品を扱うネットショップのWebサイトでは、キャッチコピーとモデル写真やオシャレな小物でスタイリングしたイメージ写真など、さまざまなバナーを用いて商品を訴求している。

■バナーの役割と制作のポイント

バナーの役割はお客様の興味・関心を引いたり、目的のカテゴリや商品に誘導したりすることである。

店舗内のすべてのバナーはいずれかのページにリンクしており、クリックした先がどのようなページなのか、推察できるものが好ましい。

特にトップページは、取り扱っているすべての商品に誘導できるナビゲーションの機能を有しており、その中でも旬の商品や売れ筋商品のほか、お買い物方法や店舗の紹介など、多岐に渡る情報を掲載する必要がある。

次にナビゲーションの役割をもつバナーの作成方法を説明する。

● ナビゲーション

ナビゲーションの役割はお客様の興味・関心を引いたり、目的のカテゴリや商品に誘導すること。

店舗内のすべてのリンクはいずれかのページにナビゲーションしており、リンクをクリックした先がどのようなページなのか、推察できるものが好ましい。

特にトップページは取り扱っているすべての商品に誘導できるナビゲーションの機能を有しており、その中でも旬の商品や売れ筋商品のほか、お買い物方法や店舗の紹介など多岐に渡る情報を掲載する必要がある。

次にナビゲーションの役割をもつバナーの作成方法を説明する。

■ナビゲーションバナーの制作のポイント

　効果的なナビゲーションバナーは商品写真とキャッチコピーをうまく組み合わせている。商品写真はインパクトが強く、お客様の目に留まって興味を喚起するような具体的なものを使う。商品写真でお客様の視線を引き付け、具体的かつ簡潔なキャッチコピーで任意のページに誘導しよう。

　なお、トップページは各ページへの誘導窓口となるのでバナーが羅列することも多い。そのため、同じサイズのバナーは写真のサイズや位置、文字の大きさ、配置なども統一して規則性をもたせる。そうしないと、全体的に見にくいサイトになってしまうので注意する。

　また、あえて写真を使わずにキャッチコピーを前面に出す方法もある。デザインにメリハリをつけたい場合、雑多な商品が対象の場合、強力なキャッチコピーで勝負したい場合に利用しよう。

　バナーはクリック可能であり、詳細ページに遷移してもらわないと意味がない。そのため、「商品詳細」「商品を見る」などの文言を入れ、ボタンの形状を表現することでクリック可能であることが視覚的にわかる工夫が必要である。

　スマートフォンでもバナーの中にボタンや矢印があることでタップを誘発する効果がある。

　また、バナー下部にテキストを配置することで、クリックできることを伝える方法もある。

ナビゲーションバナー制作その他のポイント

サイズ	ページ内の位置とサイズで重要度が伝わるので、伝えたい情報を整理して作成する。スマートフォンではタップしやすいサイズに調整する。PC用とスマートフォン用で適切なサイズは異なる。
テキスト	見出しとリード文がある場合は文字サイズを2〜5倍差をつける。カテゴリー誘導バナーなど、同一目的の場合は、それぞれのフォントを統一する。
色	複数配置する場合は、枠色、テキストを揃える。また、写真の上に文字を配置する場合は可読性に注意し、場合によっては白フチやドロップシャドウを使う。
画像形式	写真中心の場合はJPEG形式。イラストや文字中心の場合は、GIF/PNG形式が望ましい。スマートフォン用にPNG形式を使用することも増えてきている。

画像形式
JPEGは1,670万色まで扱えるが、圧縮時にブロックノイズがのりやすいので、階調が連続していないイラストや文字画像は滲んで見えやすい。

GIFは1,670万色中256色までしか扱うことができないので、階調が連続している写真には不向き。

PNGは1996年に登場したファイル形式で、圧縮による画質の劣化のない可逆圧縮の画像ファイルフォーマット。8bit（PNG-8）と24bit（PNG-24）を選択できる。

● 動画

　ネットショップで動画の利用率が一番高いのは「商品の紹介」だ。静止画ではどうしても伝えきれなかった部分も、動画であれば立体的に見せたり、製作工程を見せたりと、アイデア次第で商品の魅力をさらにアピールすることができる。

　そのほか、スタッフの紹介など、「ショップの紹介」で利用するケースもみられる。

　ちなみに、テレビで放映されたシーンを動画で紹介するネットショップも見受けられるが、この場合はテレビ局側に承諾をとることを忘れないこと。無許可で動画をアップすれば、著作権に関する違法行為にあたる。

　ネットショップで利用されている動画の配信方法には、さまざまな方法があるが、自前のビデオカメラやスマートフォンで撮影した動画をYouTubeなどの動画共有サイトにアップするのがオススメだ。

　アップすることで、自動的にインターネットに最適な動画に変換してくれるうえ、YouTubeサイトからのトラフィックも期待できる。もちろんネットショップのサイト内にも掲載することができる。

　動画はプロに依頼するとそれなりの金額がかかるため、はじめは自前で数多くの動画を撮影し、どんどんサイト上にアップしていくことが効果的だ。動画が決め手となって購買に至る例も数多く存在する。

7-12 ユーザビリティ、アクセシビリティ

● ユーザビリティ―ネットショップをより使いやすく

　ユーザビリティとはなんだろうか？　わかりやすく言えば「使いやすさ」、厳密に言えば「特定の目的を果たすための効率性」だ。ネットショップにあてはめてみると、「お客様が商品の購入を完了させるまでの効率性」と言えるだろう。

　Webユーザビリティの権威であるヤコブ・ニールセンは、ユーザビリティの概念を以下のように定義している。

- **学習しやすさ**―システムは、ユーザーがそれをすぐに使い始められるよう、簡単に学習できるようにしなければいけない。
- **効率性**―システムは、一度学習すれば、後は高い生産性を上げられるよう、効率的な使用を可能にすべきである。
- **記憶しやすさ**―システムは、ユーザーがしばらく使わなくても、再び使うときにすぐ使えるよう、覚えやすくしなければいけない。
- **エラー発生率**―システムはエラー発生率を低くし、エラーが発生しても簡単に回復できるようにしなければいけない。また、致命的なエラーが起こってはいけない。
- **主観的満足度**―システムは、ユーザーが個人的に満足できるよう、また好きになるよう、楽しく利用できなければならない。

『ユーザビリティエンジニアリング原論』ヤコブ・ニールセン（東京電機大学出版局）
2002 年

『ユーザビリティエンジニアリング原論：ユーザーのためのインタフェースデザイン』ヤコブ・ニールセン著、篠原稔和、三好かおる訳、東京電機大学出版局、2002年

　こちらの定義もネットショップに当てはめてみるとどうだろうか？
　買い物の方法がよくわからない、購入したいものがどこにあるかわからないネットショップなど、ユーザビリティが低いと、せっかくお客様に来訪していただいても購入に至る確率は低いだろう。しかし、現実問題として、ユーザビリティが低いネットショップは数多く存在する。なぜならば、ネットショップ制作を「ショップ側」の視点で行ってしまうからだ。
　「ショップ側」というのは、商品もネットショップの各ページ構成もすべて知っている存在である。しかし、実際の「お客様」はトップページになんらかの方法でたどり着いても、商品もページ構成もまったく知らないなかで行動しなければならないのだ。
　それゆえに、ネットショップに「お客様」の視点を考慮した施策を実

行することでユーザビリティは向上し、購入に至る確率（コンバージョンレート）が高くなる。お客様をネットショップに誘導するには広告などを利用するためコストがかかる場合が多いが、ユーザビリティを高める施策はネットショップ内部で実現できるものが多い。つまり、追加のコストをかけずに売上げを増やすことが可能になるのだ。

　下にネットショップの主なユーザビリティチェックポイントを挙げる。

ネットショップの主なユーザビリティチェックポイント

項目	チェック内容	チェック欄
サイト全体	どんなコンセプトで、何を扱っている店舗か一目瞭然である。	
	レイアウトが統一されている。	
	色彩設計（カラーデザインのルール）が統一されている。	
	共通のヘッダー、フッターが存在する。	
	サイト内検索が存在する。	
	ロゴをクリックするとトップページに遷移する。	
ナビゲーション／リンク	サイト全体で統一されたグローバルナビゲーションが存在する。	
	ナビゲーションの項目数が多すぎない（一般的には5～7程度が明確に認知できる限度とされている）。	
	商品を適切に分類したカテゴリが存在する。	
	現在の位置を表したパンくずナビゲーションが存在する。（例）トップページ ＞ 野菜 ＞ ほうれん草	
	テキスト色、テキストサイズ、リンク色が統一されている。	
	リンク色が青系統でアンダーラインが引かれている。	
	リンク切れが存在しない。	
個別ページ	SEO対策キーワードを意識した適切なページタイトルが設定されている。	
	URLは意味のあるものになっている。NG例　category/product1.html	
	大見出し、中見出し、小見出しなど、本文に適切なレベルの見出しが付けられ、正しい <h1> タグが設定されている。	
商品ページ	重要な商品情報（商品タイトル、メイン写真、キャッチコピー）をスクロールせずに見ることができる。	
	支払い方法や送料がページを遷移せずにわかる。	
	「カゴに入れるボタン」は十分な大きさがあり、お買い物できるサイトであることが伝わる形状をしている。	
	似たような別の商品を探したいお客様のために、関連商品を設定し、カテゴリページに簡単に戻れる。	
注文フォーム	初回購入時に、会員登録も同時に可能である（別途会員登録をしてから購入する必要がない）。	
	郵便番号から住所の入力補助ができる。	
	入力間違いをした際は適切なアラート表示をする。	

カラーデザイン
カラーデザインについては110ページ参照。

色とユーザビリティ、アクセシビリティ
■可読性
背景色と文字色の明度差をとることが可読性の高い配色となる。
■セパレーション効果
赤と緑など、彩度が高く、かつ明度差のない色を隣どうしに組み合わせる場合は、背景色と文字色の間に無彩色を入れると見やすくなる。
■誘目性
色が人の目を引き付ける性質を「誘目性」という。高彩度の暖色系の色は誘目性が高い。
■画像の背景色
メインの商品（画像）よりも背景色を低彩度にすると、画像がより引き立てられる。画像がくすんで見えるとマイナスのイメージになるので商品写真や食品の写真などの背景色には注意する。

● アクセシビリティ

●高齢者、障がい者に優しいネットショップをめざす

　ユーザビリティとともに、アクセシビリティも考慮したい。アクセシビリティとは、「〜にアクセス（利用）可能」という意味で、IT業界においては、「高齢者、障がい者対策」を指すことが多い。

　ユーザビリティと同様にネットショップにあてはめてみると、「高齢者、障がい者を含む誰もがネットショップ上で支障なく商品を閲覧でき、注文を完了すること」と言える。

　「高齢者、障がい者対策」と聞いて、もし自分たちのネットショップは高齢者・障がい者はターゲットでないのでアクセシビリティ対策は不要だと考えていたら、すぐに再考すべきだ。

　すべての人に公平な利用を提供できるはずのネットショップが、閉じられたものとなってしまっていては、社会貢献の観点から問題があると言えよう。

　ネットショップのアクセシビリティ対策は必須であるといっても過言ではない。まずはできるところから始めたい。

　次のページにネットショップの主なアクセシビリティチェックポイントを掲載するが、Webサイトのアクセシビリティに関して、日本産業規格（JIS）が「高齢者・障害者等配慮設計指針—情報通信における機器、ソフトウェアおよびサービス—第3部：ウェブコンテンツ」を「JIS X 8341-3:2016」（2016年3月）として公示している。

　日本産業標準調査会Webサイトの「JIS検索」—「JIS規格番号からJISを検索」より、「JIS X 8341-3」と入力すれば閲覧のみ可能なので（ログインが必要、ダウンロードや印刷は不可）、一度目を通しておくとよいだろう。

　なお、アクセシビリティは「万人に公平なアクセスをもたらす」ことが目的で「使いやすさ」を目的としたユーザビリティとは定義が異なるが、Webサイト上の施策においてはアクセシビリティを向上させればユーザビリティも向上することが多いことにも留意したい。

JIS（日本産業規格）
我が国の産業標準化の促進を目的とする産業標準化法（昭和24年）に基づき制定される任意の国家規格である。

ネットショップの主なアクセシビリティチェックポイント

項目	チェック内容	チェック欄
サイト全体	ユーザーが意図せずに、自動的に文字がスクロールしたり、時間によって内容が変更したりしない。	
	時間制限のあるコンテンツを設けていない。ネットバンキング等、セキュリティ上、時間制限を設ける場合は延長する手段を考慮すること。	
	省略語、専門用語、流行語等を多用しない。	
	キーボードのみで操作が可能である。	
	ページ内の位置情報が取得できない音声ブラウザ用に、ヘッダーの共通項目を飛ばす（読み上げを省略して本文に移動する）ことができる。	
	特定の技術を使用しなくても、すべてのページで情報が閲覧できる。	
	ページ読み込みに5秒以上かからない。	
	テーブルタグをレイアウトに使用していない。	
	操作がわからなくなった場合のために、電話やファックス等のお問い合わせ手段がある。	
	過度に明滅するような表現は避けている。	
	音声や動画等を自動再生しない。	
	情報を色のみで表現していない（色で項目を判別する円グラフ等）。	
フォーム	チェックボックスは、ラベルテキストをクリックしてもチェックがつくようにしてある。	
画像	画像にALT（代替テキスト）が入っている。	
	複数のページで、同じ画像を用いる場合は、同一の画像ファイルを利用している。	
リンク	アンカーテキスト（リンク元のテキスト）を単独で読んでも意味が通じ、リンク先の内容が想定できる（ここをクリック、詳細等はNG）。	
	リンク先がhtml以外の場合、そのことを明記している（PDF 300KB等）。	
テキスト	機種依存文字を使用していない。	
	文字サイズの変更が可能である。	
	文字色と背景色のコントラスト（明度の差等）を十分にとっている。	

参考　JIS X8341-3 2004 および 2010 をもとに作成

● レスポンシブWebデザイン

　パソコン・スマートフォン・タブレットなど、閲覧デバイスの多様化に対応したWebデザインを考慮することも重要なポイントである。一般的には、どのデバイスに対しても共通のURL・HTML・CSSファイルを使用しているレスポンシブデザインを採用するケースが多いようだ。しかし、スペックの違いから、どうしてもスマートフォンでの表示が遅いといったデメリットもあるので、自社のターゲットユーザーの傾向を把握し、ファーストビューで表示したいことを精査して対策を講じるようにする。閲覧デバイスの進化は早く、今後も多様化していくことが予想されるので、時流にあった表示サイズ、表示方法のトレンドを見逃さないようにしておきたい。

表示速度
サイトの表示が遅いと、閲覧者はストレスを感じる。また、サイトの表示速度はGoogleの検索結果にも影響がでてくるため、サイトの見た目だけでなく、サイトの表示速度を落とす原因を探し、改善する必要がある。
表示速度を計るサイト
PageSpeed Insights

テーブルタグ
表組みに利用するhtmlのタグ。

8章

ネットショップの
プロモーション

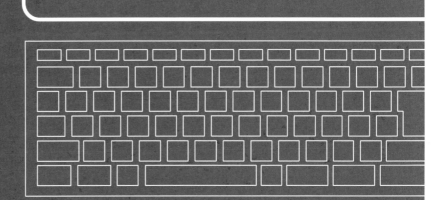

8-1 独自ドメイン店のプロモーション

● SEM

SEM（Search Engine Marketing）とは、検索結果を使ったマーケティング手法である。日本では2002年以降に導入が広がった手法で、検索エンジンから自社サイトへの訪問者を増やすことを目的に活用されている。

SEMの実践は主にリスティング広告・SEO（Search Engine Optimization：検索エンジン最適化）が中心とされている。一方で、検索エンジンの検索結果ページ内のコンテンツや表示形式の多様化、検索クエリごとの表示最適化を鑑みると、Googleのショッピング広告や店舗を構えている場合はMEOも手段の1つと捉えても良い。本来、「検索したいこと＝検索クエリ・キーワード」と「それに合致しそうなコンテンツ」をマッチングするのが検索エンジンの役割であり、検索エンジン提供側もマッチングの精度を高めることを重視していると言われている。その需要と供給を合致させることを前提として、検索エンジンをプロモーション手法として積極的に活用するマーケティング手法がSEMである。

■リスティング広告

リスティング広告とは、ポータルサイトや検索サイトの検索結果ページに表示される、クリック課金型の「検索結果連動型テキスト広告」を指す。国内の主要なサービスには、Google、Yahoo!、Bingがある。

リスティング広告は、インターネットユーザーのうち積極的に情報を探しているユーザーに対して、その人が入力しているキーワードに合わせた広告を自然検索結果よりも上位の枠に表示できるため、自社の商材やサービスの購買に直結しやすい、購買モチベーションが顕在化しているユーザーにアプローチすることが可能な広告である。掲載には審査が入るが、入札制で掲載順位が決まり、入札金額だけでなく広告の品質が重要だと言われている。

MEO
（Map Engine Optimization）
地図エンジン（主にGoogleマップ）における特定の地域の検索結果上位表示を目的とした施策。SEOとの違いは上位表示させるコンテンツ（SEOはウェブサイト全体を最適化、MEOはGoogleビジネスプロフィールを最適化）と場所（SEOは検索結果全体、MEOはローカル検索）である。

広告の品質
広告（タイトル・説明文）がどれだけクリックされうるかという推定クリック率、表示URLの過去のクリック率、各種デバイスでの広告の掲載実績など。

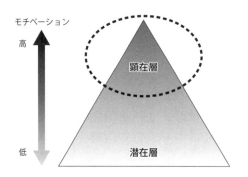

8章
ネットショップの
プロモーション

　Google広告とYahoo!広告で提供している広告の種類はリスティング広告、ディスプレイ広告など、概ね同じである。また、アカウントの開設など、基本的な利用料金は両サービスともに無料で、クリック課金などによる広告配信の成果が生じた場合に費用が発生する点も同じだが、目立った違いとしては、次の点が挙げられる。

・Google広告は世界最大の検索エンジンを持ちYouTubeなどのサービスも含めると、配信対象としてのユーザー母数が圧倒的に多い。

・Google広告は国内だけではなく（リストから国を指定して）海外にも配信できる。

・Yahoo!広告は個人ブログサービスの提供会社とは提携しないなど、広告品質保持のためのガイドラインがあり、両社を比較すると審査基準は厳しい傾向にある。

・ターゲティング項目、オプション表示ともにGoogle広告の方がYahoo!広告よりも多いため、細かい設定と運用ができる（その分、スキルと時間も必要）。

　広告配信機能、サービス名称や配信先となる提携パートナー、料金などは、随時更新されるため、利用を検討する際は、必ず、各社公式サイトが公開している利用ガイドやマニュアルなどを参照の上、最新情報に基づく設定と運用が必要である。

■リターゲティング広告・リマーケティング広告

　リターゲティング広告（リマーケティング広告）とは、行動ターゲティング広告の一種で、一度自社のサイトを訪れたユーザーに対し、追跡して自社の広告を訴求する広告である。ECサイトの場合、最初の訪問でコンバージョンせず、離脱することが多くある。しかしながら、自社サイトに訪問しているということは、自社の製品に少なからず興味を抱いているユーザーが多く含まれていることから、リターゲティング広告はリスティング広告に近く、顕在層にリーチできる広告である。

リターゲティング広告・リマーケティング広告
リターゲティング広告は、Yahoo!ディスプレイアドネットワーク（YDN）が提供するプロダクト。リマーケティング広告は、Googleアドワーズが提供するプロダクト。

153

これまでは、Cookieを使った配信が主だったが、AppleやGoogleがサードパーティー製Cookieを廃止する動きがあることから、今後はCookieレスのリターゲティング広告が主流になると考えられる。

■ショッピング広告（商品リスト広告）

ショッピング広告とは、Google広告が提供する広告の一種で、Googleの検索結果に商品画像、在庫状況、価格など、登録した商品リストの情報を表示する広告形態である。商品情報をGoogle Merchant Centerに登録することで利用でき、ネットショップ構築ツールにGoogle Merchant Centerとの連携ツールが実装されているものもある。リスティング広告は指定したキーワードに対して入札し、広告を掲載するが、ショッピング広告はキーワードを指定しない。ユーザーが検索した語句に対し商品リストから一致した商品情報が直接表示される。画面上部に商品画像と詳細情報を表示できるため、テキストのみが表示されるリスティング広告と比較すると、ユーザーが商品を理解しやすく、購入の検討を促しやすいといえる。ユーザーの検索語句と関連する情報を持つ商品に入札機会が与えられるため、商品リストの属性情報をわかりやすく記載するだけではなく、「セール価格」や「送料」など、ユーザーの購買条件に大きく関わる属性情報を記載すると活用度も高い。

Google広告では、P-MAX（パフォーマンス最大化）キャンペーンという自動最適化された広告配信サービスの利用が増えている。P-MAXキャンペーンを利用すると、検索ネットワーク、YouTube、Gmail、Discoverなど、Google広告のすべてのチャネルに広告を配信できる。

■SEO（Search Engine Optimization＝検索エンジン最適化）

SEOとは、検索エンジンによる自社サイトの評価を高め、自然検索結果において上位に自社サイトを表示させる施策である。検索エンジンは、インターネットユーザーが必要な情報を見つけやすくなるように、継続的にアルゴリズムを工夫し、改善している。ただし、検索エンジンの運営会社がアルゴリズムを公開することはなく、これからもないと思われるが、この検索エンジンの主旨に沿ったWebサイト作りを行う行為がSEOである。また、ネットショップにおけるSEOで留意すべき点は、対策実行と表示順位上昇に月日を要すること、SNSや巨大モールECサイトの中で商品検索を行うユーザーが増えてきていると言われていること、そして必ずしも売上向上に寄与するわけではないということだ。特にGoogleのような検索エンジンは検索クエリごとに、広告・検索結果・マップや画像など、コンテンツを出し分けている。一般的に、検索ユーザーが物や購入を求めている場合は、広告表示が優先されるため、売上向上のスピード感や予算、キーワードの競合性などを加味して対策実施を検討すると良い。

CookieとCookieレス
Cookieとは、Webサイトがログイン情報、閲覧履歴、設定などのユーザー情報を保存するためのテキストファイル。CookieレスとはサードパーティのCookieの使用を制限する概念で、プライバシー保護の観点からユーザーの追跡を抑制する。

●Googleにおける（テキスト/キーワード）検索結果表示の仕組み

テキストで検索ができる検索エンジンはGoogleをはじめ、国内では
Yahoo!やBingがよく利用されている。Googleの利用率は世界でもトッ
プシェアを誇り、国内シェアは8割にのぼるといった調査結果もある。
Yahoo!はGoogleと同じ検索アルゴリズムを採用しているため、これら
の状況を踏まえると、Googleのガイドラインに沿ったSEO対策の運用
が最低限必要となる。

SEO対策の基礎知識として検索結果の表示順が決定する下記の仕組み
を理解しておくとよい。SEO対策としてやるべきことは数多くあるが、
仕組みを理解することで、何のためにやるべきなのか、対策をしない場
合のデメリットも考えられる。

1. クローラーが巡回しWebページのコードを読み取る。
2. クロールしたページをインデックスする。
3. インデックスしたページを分析し、ユーザーが検索した語句（キー
   ワード）の意図に沿っているか、信頼のおける情報かなど、ページ
   コンテンツの品質を判断（ランク付け）して表示する。

クロールしてインデックスし、ランキングされたサイトの結果が上位
表示される仕組みだ。また、Google公式サイトでは、「Google検索の仕
組み」や「サイトのSEO対策」など、適切なコンテンツが検索ユーザー
に表示されるよう、サイトをGoogle検索で見つけやすくするための情
報を公開しているので、SEO対策の学習と運用に役立てると良い。

> **クローラー**
> Webページ間のリンクをたどる
> ことによってWebサイトを自動
> 的に検出し、スキャンするプロ
> グラム（ロボットやスパイダー
> など）の総称である。Googleの
> メインクローラー"Googlebot"
> など。

● SEO の内部施策

SEOは内部要因に対する内部施策と外部要因に対する外部施策に大別
できる。内部施策は、その役割から、コンテンツSEOとテクニカルSEO
に分けることができる。

【コンテンツSEO】

コンテンツSEOとは、検索ユーザーにとって有益で価値のある、ユー
ザーの検索意図に沿った質の高いコンテンツ（記事など）の情報発信を
オウンドメディアで継続的に行うことで、自社サイトの評価を高め、自
然検索からの集客を狙う手法である。今日のSEO施策においては最も
重要で最優先で取り組むべき施策といえる。後述する外部施策の打ち手
にもつながる。

【テクニカルSEO】

テクニカルSEOとは、前述の検索結果表示の仕組みであるクローラー
とインデックスに作用してSEO効果が見込める対策の総称である。Web
サイトの構造や設定を適切なものに改善するため、専門的な知識やスキ
ルが必要なものもある。自社での対応が難しい場合は、専門業者に依頼
することも検討する。

クローラーに理解されやすくするための具体策の例

・Webの標準仕様に基づいた正しいコードで書く
・スクリーンリーダーが理解できるコードで書く
・コンテンツのタイトルタグとメタディスクリプションを設定する　など

インデックスされやすくするための具体策の例

・スマートフォン用に表示を最適化（モバイルフレンドリー対応に）する
・画像のファイル名をシンプルな英単語にし、alt属性を設定する
・Google Search Consoleを設定する
　（URL検査から登録をリクエストする）　　　　など

● SEOの外部施策

　外部施策は外部サイトからの評価を高めるため（評価が高いサイトであるとみなされるため）に必要な施策で、①被リンクと②サイテーションの獲得が有効だ。
①被リンクを獲得するには、コンテンツの質を高めてユーザーのニーズを満たす内容にしたり、信頼のおけるサイトに相互リンクを依頼したり、プレスリリースを活用して大手メディアからのリンクを獲得したり、自然な被リンクを獲得するための地道な対策が必要となる。
②サイテーションは、「言及」「引用」という意味で、SEOにおいては、自社サイトの「社名」「店舗名」「サービス名」「住所」「電話番号」などの固有情報（と関連情報）が、インターネット上で言及、引用（サイトに記載）されていることを指す。被リンクとの違いは、リンク設定がなく、言及（記載）のみであることだ。サイテーションは、Googleのランキング決定の指標のひとつとされており、被リンクと同様にサイテーションが多いほど、評価が高まるとされている。サイテーションの獲得には被リンク同様の対策も有効だ。コンテンツの質を高めることで引用されたり、プレスリリースがメディアに取り上げられれば社名や電話番号が掲載されたりとサイテーションの獲得も見込める。留意点は社名、住所、電話番号など固有の情報を統一することだ。

● Googleのさまざまな検索機能

　前述の通り、検索エンジンのアルゴリズムは日々進化している。ここまでは、主にテキスト（キーワード）による検索ユーザーを想定したSEOについて述べたが、Googleの検索機能は周知の通り、テキストによるものだけではない。近年注目を集めたのが、スマートフォンのカメラに映った被写体や画像から関連情報を検索する「Googleレンズ」だ。検索ユーザーが、映画のキャストが身につけている腕時計が気になった場合、「Googleレンズ」から腕時計にフォーカスした画像で検索をすると、画像解析情報にマッチした製品サイトや価格、メーカーなどの関連情報が表示される。さらに、「Googleレンズ」をサポートする「Google

Multisearch（マルチサーチ）」では、画像データにテキストを付加して検索ができるため、検索ニーズにより近い結果が表示される。例えば、「ブルーのワンピースの画像データ」に「red」とテキストを追加して検索すれば、色違いのワンピースを販売するネットショップの情報を表示できる。どちらも検索ニーズにより合致した製品情報が表示されるため、購買行動につながりやすいといえる。また、製品紹介を動画で配信している場合は、YouTubeの動画検索機能への対策も必要になる。

●「Google ショッピング」の活用

　このほか、Googleショッピングへの商品登録はぜひ行っておきたい。検索結果画面は有料の広告枠と無料枠がある。無料で始められるので商品ページを改善させながら有料広告枠に移行するなど、ネットショップ運営初心者でもトライアルしやすい。Googleショッピングは、Googleの検索窓に入力したテキストに応じて、ECサイトで販売されている商品から、関連性の高い商品画像と関連する情報を表示させる機能で、「ショッピング」タブをクリックすることで確認できる。検索結果として表示された商品画像をクリックすると、商品ページに遷移するので、ユーザーはすぐに購入できる。

● SEO まとめ

　SEO対策としてやるべきことは数多くある。スマートフォンを筆頭にPC以外のモバイルデバイスの利用が普及したタイミングや、その後、生成系AIが登場しAIチャット機能が検索結果表示画面に組み込まれるなど、検索ユーザーの体験変化に合わせて、サイト品質評価の考え方や検索アルゴリズムもアップデートされる。SEO対策はこのような変化を前提として、常に最新情報を入手しながら試行錯誤で取り組まなければならない。

● メールマガジン

　メールマガジン（メルマガ）は、メールを取得したお客様に対してダイレクトにメールでお知らせを届けることができる。欲しいユーザーが登録していることも考えると、独自ドメイン店のリピーターを増やしていく上では最重要の手段である。

　まず、どんな読み手のどのようなニーズに対してコンテンツを作るかを考えなければならない。具体的には、配信するリスト（全配信とセグメント配信）、配信回数（頻度）、配信タイミング、販促企画、件名、メールのファーストビュー、本文（掲載URL数など）の7つの要素が重要である。指標としては、開封率・数、クリック率・数、購入率・数、経由売上などを見ながら継続的に改善を行う。開封率は主に配信するリスト、配信回数、配信タイミング、販促企画、件名が主に影響すると言われて

いるが、特に件名の工夫が必要。経由売上は、配信リスト、配信回数、販促内容が影響すると考えられているが、総合的に指標を確認しながら、自社のメールマガジンとして最適解を模索していく必要がある。

　全配信は配信可能な全員への配信になるため、万人を対象としたコンテンツにする必要があり、セグメント配信は、絞り込んだセグメントに合ったコンテンツにすることによって、配信の目的を達しやすくなる。

　一般的に、セグメント配信は配信ターゲットとコンテンツが合致しやすいため開封率は高いものの、各配信でコンテンツ作成が必要なので手間がかかり、1配信経由の売上は少なくなる傾向がある。全配信は経由売上は高いものの、同じような内容で配信回数を増やすと、メール解除が増える傾向にある。いずれにしても、配信では配信目的とそれによるリターンを明確にすると、運用での迷いは少なくなる。

■メルマガ配信対象別の目的と活用例

配信対象の違い

全配信

一斉配信、セグメント不能な
名簿への配信

（対象例）
購入者、メルマガ登録者

セグメント配信

セグメント可能な名簿への配信

（対象例）
購入経験者、特定の商品購入者、
購入頻度や購入金額によるロイヤリティー度合い、
購入後○日のような購入タイミング、
お気に入り登録者、
アンケート回答者　など

セグメントの工夫（ターゲティング）
86〜87ページ参照。

配信対象と配信内容、活用シチュエーション

	全配信	セグメント配信
コンテンツ	万人を対象とした読み物	対象となるセグメントに合った読みもの
活用例	告知情報の配信、一般定期配信、全体キャンペーン	特定情報の告知、分野別定期配信、特定商材のキャンペーン、アンケート実施
目的	情報告知、ショップ認知、初回購入促進など	情報告知、情報提供、休眠顧客掘り起こし、再購入促進、サービス改善など

■HTML メールマガジン

HTML形式でメールマガジンを作成・配信することにより、開封率の取得とテキストだけでなくビジュアルで訴求が可能である。バナーや、各商品の写真を掲載することで、直感的に情報を伝えたり、自社サイトへ誘導したりできる。近年は配信ツールやネットショップ構築ツール側で、HTMLのソースを記載せずとも、簡単に作成できるエディター機能やドラッグアンドドロップで画像掲載できる機能が備わっている。

● アフィリエイト広告

成果報酬型（販売実績に応じて報酬を支払うタイプ）の広告サービス。自店で販売する商品に対して「成果報酬額」を設定し、販売パートナー（アフィリエイター）を募集する。

アフィリエイトはアフィリエイターを介してユーザーにアプローチするため、アフィリエイターにとって「魅力的な商品であり、かつ報酬額が高い」ことが重要になってくる。

アフィリエイターは、個人・法人の両方が存在し、自分が運営するサイトに、商品の紹介記事、商品写真、リンクを掲載し、ショップへユーザーを誘導する。商品が売れたら、規定の成果報酬がアフィリエイターに支払われる。アフィリエイターのサイト側は、リスティング広告やSEO、SNSを通じて集客を行っていることもあるので、自店集客の手段を広げられるメリットがある。一方で、広告やSEOのキーワードで競合する可能性もあるのがデメリットなので、アフィリエイターの選定や運営方針は検討する必要がある。近年では、SNSなどで活躍するインフルエンサーもネットショップ集客として活用されており、アフィリエイトの一部とも位置付けられる。インフルエンサーの場合は、成果報酬型の他に1投稿あたりのフィーや一定期間内での投稿回数を依頼して月額

を支払うケースなどがある。

　ネットショップがアフィリエイトを利用する場合は、アフィリエイトサービスを提供するサービス業者（ASP＝アフィリエイト・サービス・プロバイダ）に登録し、ショッピングモールに出店している場合は、モールが運営するアフィリエイトサービスを使うのが基本だ。その他にも、ネットショップ構築ツールによっては、インフルエンサーなどの個人や法人に対して、アフィリエイト計測用URLを発行して成果を管理できる、自社運用で完結できる機能やアプリケーションの提供が行われている。

　ASP会社は数多く存在し、その中でも「A8.net」「バリューコマース」が有名だ。

アフィリエイターへの報酬の計算方式には、
・売上課金型：（売上げの○％を報酬として支払う形態）
・成約課金型：（1成約○円を報酬として支払う形態）
・クリック課金型：（1クリック○円を報酬として支払う形態）
　の3通りがある。

　自社の商品やコンセプトをじっくり考え合わせ、かつアフィリエイターにとって魅力的な計算方式を選択する。

（例）A8.net を利用した場合の費用

A・アフィリエイターへの報酬割合（売上 ×●％）を任意に設定する。
B・アフィリエイターへの支払金額の30％をA8.netへ支払う。
C・月額固定費40,000円（税別）をA8.netへ支払う。

A8.netの費用
契約期間6カ月の場合（2023年12月現在）。
固定費以外に初期費用50,000円（税別）がかかる。

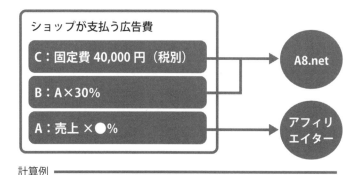

計算例

前提1　アフィリエイターへの報酬割合は5％
前提2　当月の売上は100万円

$$A=100 万 円 \times 5 \% = 5 万 円$$
$$B=5 万円 \times 30\% = 1.5 万 円$$
$$C = 4 万 円 （税別）$$

合　計　　　　　10.5 万 円 （税別）

● プレスリリース

　プレスリリースとは、新商品や新サービスを発表する際、メディア（新聞や雑誌、Webメディアなど）に向けて配信する資料のことである。特定メディアの編集担当記者に対して、メールを主として対面、郵送、ファックスで直接送るのが理想だが、ルートがない場合は各メディアの問合せやプレスリリース受付用メールアドレスから送る。送付した先が「面白そうだ」「企画に合いそうだ」と興味を持てば、メディアで紹介される。

　掲載につながる要素は新規性、意外性、社会性、トレンド性、信憑性、物語性などがあると言われている。新聞や雑誌のような紙メディアは担当記者が掲載を決めたとしても、掲載に時間を要するため、掲載を狙いたいタイミングとズレが生じる場合は、特定メディアに対して情報解禁日前に情報をリークするという手法もある。

　このプレスリリースの配信方法で、今人気なのは、PR（パブリックリレーションズ）代行会社などが実施する配信代行サービス（「PR TIMES」や「valuepress」など）である。1回の配信料は無料のプランから1回あたり3万円前後、月額10万円の配信し放題など、配信代行サービスによって料金は異なる。

　このサービスを使えば、配信する内容がページとして生成され、また新聞や雑誌などの媒体にメールで一斉送信されるようになる。送信先は、PR会社が契約している多数のメディアである。配信されたプレスリリースは、Webメディアの場合、プレスリリース欄としてそのまま転載される場合と、内容を編集して記事として掲載される場合があり、後者の方が信頼性はより高まる。また、GoogleニュースやYahoo!ニュースはメディアパートナーが存在しており、パートナーメディアに掲載されるとGoogleではニュースの検索対象となり、Yahoo!ニュースでは露出の大小が決められて掲載されると言われている。また、サイトの掲載がSNSで波及したり、Webメディアの連続的な掲載が新聞掲載やTV番組での放映など波及が生まれる可能性もある。

　ネットショップでは、新商品の開発や入荷など、プレスリリースを活用できる機会は意外に多い。また、広告よりも記事の方がユーザーにとって信頼度が高い傾向にあり、なおかつ波及効果が期待できる。プレスリリースだけでなく、ブログやSNSでの発信が取材掲載につながることもあるので、上手く活用していこう。

● SNS・ソーシャルメディアの活用

■トリプルメディア

　トリプルメディアとは、企業がメディア戦略を考えるときに利用する

フレームワークのひとつで、マーケティングチャネルを、オウンドメディア（Owned Media）、アーンドメディア（Earned Media）、ペイドメディア（Paid Media）として3つに整理したものである。

3つのメディアそれぞれが独自の価値を持っており、どれもが必要不可欠である。オウンドメディアやペイドメディアの情報がアーンドメディアを通じて波及したり、ペイドメディアの情報でオウンドメディアの流入が増えたりなど、それぞれのメディアは関係性を持っている。狙いや状況に応じた使い分けが必要となる。

トリプルメディア

	オウンドメディア （Owend Media）	アーンドメディア （Earned Media）	ペイドメディア （Paid Media）
説明	自社コーポレイトサイトやブランドサイトなど、企業が直接「所有」するメディアのこと。	Earnとは名声や評判などを「得る」という意味。ソーシャルメディアが該当する。	企業が広告費を払って広告を掲載する、従来型の「買う」メディアのこと。
例	カタログ パンフレット 会社案内 自社サイトなど	評判 うわさ ネットによる口コミ シェア	いわゆる広告媒体 アフィリエイト広告 検索連動型広告
特長	言いたいことが言える 詳しく説明できる 信用されにくい 見てもらうための工夫が必要	信用してもらいやすい お金がかからない コントロールできない お金で買えない	お金次第でどれだけでも伝えられる ターゲットを絞って伝えられる 信用されにくい お金がかかる
役割	理解を促す 信頼度を高める	好感度を高める 共感させる 関係性を保つ	認知度を高める 関心を喚起する

■SNS（ソーシャル・ネットワーキング・サービス）の活用

ソーシャルメディアとは、インターネットを利用して企業や個人など、誰でも情報をリアルタイムで発信し、相互にやりとりができる双方向メディアだ。基本的に一方向の情報発信であるテレビなどのマスメディアと区別され、SNS、ブログ、動画や写真共有サイト、LINEなどのメッセージングアプリ、ミニブログ（ブログに対して投稿文字数制限のあるXなど）などを含むのが一般的な概念である。本書におけるSNSも同様に捉える。

ソーシャルメディアの一種であるSNSは、ネットワーク化されていて、関係性の強弱がユーザー同士の情報伝達に影響する仕組みになっているのが大きな特徴だ。相互にやりとりができるため、ネットショップ運営においても、顧客とのコミュニケーションツールとしての役割を担い、ネットショップ運営者がSNSに投稿することで、商品の認知度、理解度を高めたり、顧客との結び付きを強化したり、顧客からの信頼や商品への愛着、興味関心を獲得する活用が主である。

SNSにはそれぞれ特性があるため、その特性に合った活用の仕方をする必要がある。例えば、即時性と拡散性があるXやInstagramで情報を

伝達〜認知を促し、投稿のURLやプロフィールURLまたは検索エンジンから自社サイトへ誘導するような活用方法だ。

● ソーシャルコマース

近年SNSは、ネットショップ事業者にとって、顧客とのコミュニケーションツールとしてだけではなく、SNSとECを掛け合わせたソーシャルコマースとしての活用が拡大している。SNSがコミュニケーションツールとしてではなく、情報検索を目的として利用されていることも大きい。著名人や知人が勧める製品に興味関心を持てば、ネットでの検索を介することなく、直接商品ページへ遷移できる仕組みの延長でSNSのショッピング機能が充実している。

また、コロナ禍で購買行動のデジタルシフトが一層加速し、中でも商品を紹介するインフルエンサーとインタラクティブにやりとりをしながら商品の魅力を理解し、疑問を払拭できるライブコマースが一般化した。

■ Instagram

2023年11月時点で、国内月間アクティブユーザー数（MAU）では、YouTubeやX（旧Twitter）に劣るものの、実店舗やネットショップの購買に大きな影響を及ぼしているのが「Instagram」である。ビジュアルでイメージを伝えやすいファッション、家具、スイーツなどは相性が良いとされるものの、あらゆる商材において活用されている。投稿方法はフィード投稿、リール投稿、ストーリーズ投稿の3つあり、それぞれの使い分けが必要だ。また、DM機能を使ったユーザーとの1対1のコミュニケーションも活用されている。

他にもInstagram広告もネットショップへの集客に積極的に活用されている。Instagramに限らず、FacebookやMessengerなどMeta社の媒体に配信できる広告全般がMeta広告である。実名登録が原則のFacebookに登録された居住地・学歴・職業・性別などの属性情報に基づき、ターゲットが絞りやすく、Instagramの投稿や、いいね！などの行動を元に分析した興味関心のデータもあり、動画や画像といった訴求力の高いコンテンツが配信されることで他のターゲティング広告よりも精度が高いと考えられており、注目度、活用度ともに高い。企業のSNS利用はオーガニック投稿を優先しがちな傾向があるものの、アルゴリズムによって表示が変動する。ネットショップ集客として伝えたいターゲットが明確なら、Meta広告を使う方が手っ取り早いこともあるので留意が必要だ。

■ LINE 公式アカウント

LINEは月間ユーザー約9,500万人（2023年6月時点）が利用するコミュニケーションを主軸とするスマートフォンアプリである。2012年にLINE＠のサービス展開が始まったことで、企業の規模を問わず少額

からLINEをビジネスに活用できるようになり、さまざまな機能やサービスの統合を経て現在の「LINE公式アカウント」に至っている。主に実店舗を展開する企業から広まり、現在ではネットショップ運営企業やそのほかの企業、自治体などもLINE公式アカウントを利用している。

　LINE公式アカウントの1つの特徴は、自社で配信できるユーザー獲得のハードルが低いことで、URLや二次元コードなどで自社アカウントに遷移すれば1クリックで友だち登録できて、メッセージ配信が可能になる。

■機能と価格

　使える機能は、プッシュメッセージ配信（テキスト、画像、動画など）、ステップ配信、リッチメニュー（トーク画面下部にメニュー設置が可能）1対1のチャット、クーポン、ショップカード、LINE VOOMなどと多彩で、これらの機能が少額から利用可能だ。2023年12月現在、200通のメッセージが配信できる月額固定費が無料のプランもある。

■主な使い方

・メールマガジンに近いCRMの一部

　プッシュ配信の機能を使って、配信可能なユーザー（ターゲットリーチのお友だち）に対して、お知らせを送る。ステップ配信の機能を使うと、例えば友だち登録○日後に配信、登録経路ごとの配信などを自動配信することが可能になる。

・チャット対応窓口

　1対1チャット機能を使って、お客様との1対1のコミュニケーションを行う。問合せ対応や接客を目的とすることが多い。

・販促キャンペーン

　クーポン機能は抽選での配布が可能だ。また、応答メッセージ機能のキーワード応答を使うと、キーワードを指定して任意のメッセージを返信することができる。これらを使って、LINE公式アカウントの友だち登録促進やプレゼントキャンペーンなどを行う。

・ショップカード

　ショップカード機能を使うと、来店や商品購入の特典を付与できる無料の自社ポイントカードが簡易的につくることができる。ポイント獲得のゴール、ランク、インセンティブ付与の設計などが可能。ポイント付与には二次元コードが必要なので、実店舗での活用はもちろん、工夫次第でネットショップの販促でも使えるだろう。

■ネットショップ自体の情報の充実

　独自ドメイン店は広告・SNS・ブログ・検索エンジンなどから集客し

ないと、誰にも知られることはない。一方で、接点がもててサイトに遷移しても、お客様が求める商品やそれにまつわる情報が充実していなければ意味がない。ネットショップの商品詳細ページ、LP、ブログなどのコンテンツは、主にユーザーの理解を促し、信頼度を高めるために必要なものだ。ユーザーのニーズを理解した上で、事前期待を満たせるような情報掲載やサイト作りを意識しなければならない。

　一にも二にも、事前期待に対して、それを解決する商品があることや魅力、使い方などを簡潔かつ深掘りできるように伝えることが重要だ。ただし、それ以外にも運営する側の"人"を出して、思いやこだわりを伝えることも有効だという傾向がある。単に商品を売って終わりではなく、ちょっとでも「次も買ってみようかな」と思ってもらえるような情報戦略、カスタマーサービスなどを総合的に設計し、体験として提供していかなければならない。

● トリプルメディアの連携効果

　ネットショップのプロモーションにおいては、ペイドメディア、オウンドメディア、アーンドメディアを単独で運用するよりも連携させることで相乗効果を生み出せる。検索エンジン広告、SNS広告などペイドメディアでターゲティング広告を配信し、見込み客をオウンドメディアへ誘導する。ブログ記事やメルマガなどのオウンドメディアで商品情報や関連した役立つ情報を提供し、顧客との信頼関係を築くことで購買意欲を高める。アーンドメディアでは顧客の口コミやレビューを促進し、商品・サービスの認知度向上と信頼獲得に繋げる。このようにペイドメディアで集客、オウンドメディアで育成、アーンドメディアで拡散することで効率的な顧客導線を構築できる。ペイドメディアからアーンドメディアへの波及もあり、アーンドメディアでの拡散によってオウンドメディアへの誘導だけではなく、広告費用を効率化できるメリットもある。トリプルメディア連携は顧客との接点を増やし、信頼関係を築き、効率的に顧客を獲得する戦略の一つである。それぞれのメディアの特性を踏まえて戦略的に運用する。

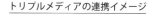

トリプルメディアの連携イメージ

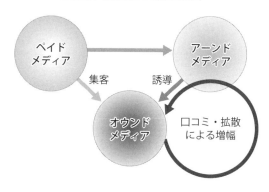

8-2 オンラインモール店のプロモーション

　Amazonや楽天市場、Yahoo!ショッピングなどのオンラインモールに出店する大きなメリットは、「圧倒的な集客力」といえる。モール運営会社が集客のために大きな資本を投じているため、モール自体に多くのユーザーが集まってくる。

　ただし、モールの集客＝自店の集客ではない。モール内に出店しただけで集客できる時代ではなくなったため、モールに集まったユーザーをいかに自店に誘導するかが重要になってくる。競合店がひしめくモールの中で、自店の露出を増やすためには、モール内広告を打つことが基本となる。

● モール内プロモーションの基本プロセス

■まずはニーズ分析

　商品もネットショップもひしめくモール内でさらなるレッドオーシャンに飛び込まないためには、ニーズを事前に分析し、把握した上で、ブルーオーシャンの商品を販売するのが理想だ。売れている商品を販売しているネットショップは、大抵の場合、予測を立てて新商品を生産して（仕入れて）いる。予測を立てるにはデータが必要だ。つまりリサーチツール（データ）を活用して予測を立てている。無料のリサーチツールでも予測を立てるには十分なデータを取得できるため、活用するとよい。

分析ツールの例

・セラースプライト：Amazon用の無料で利用できるリサーチツール。競合する商品がどのようなキーワードで売れたのか、主要キーワードを一覧で見たり、Amazon内でのランキングを確認したりできる。
・Oxcim® β版（オキシム）：Amazon、楽天市場、Yahoo!ショッピングの日本三大オンラインモールのマーケティングデータを一元管理できる。アカウント開設、利用料無料。市場リサーチ、ポジショニングの把握、自社商品と競合の売上を複数のオンラインモールから可視化できる。

■次にモール内集客

・SEM 対策を行う

　SEO対策は前項に記載の通りでリスティング広告も配信する。リスティング広告では、キーワードやユーザーの属性に合わせて表示される仕組みの検索連動型広告を配信する。クリックによって課金されるPPC

SEM
152ページ参照。

PPCとCPC
PPC広告とCPC広告は、どちらもクリック課金型の広告の意味。PPC広告は「Pay Per Click」の略で、ユーザーが広告をクリックしたときに広告主が課金される広告全般を指す。CPC広告は「Cost Per Click」の略で、PPC広告におけるクリック単価を指し、PPC広告の費用を計算するための指標。一般的には「CPC広告」という用語は「PPC広告」と同義で使われる。
PPC広告には、リスティング広告やディスプレイ広告などの種類がある。

（Pay Per Click）広告で、表示だけなら広告料は発生しない。コンバージョンの見込みが高く、ターゲットを絞って配信できる。

・商品スコアを高める

具体的には販売実績とユーザーレビューを充実させ、価格や在庫状況、配送日などはユーザー目線でわかりやすく記載する。

・モール内販促イベントへの参加、販促ツールの活用

オンラインモールは広告以外にも、ポイント制度や販促カレンダー各種キャンペーンなど、モールに集客したユーザーを各店舗に誘導する販促ツールを用意している。各店舗はこれら販促ツールを積極的に活用して、集客アップを図る。

■モール外集客

自社運営の公式サイト、ブログ、メールマガジン、LINE公式アカウント、SNSからの送客も行う。実店舗があればチラシやレジ横の案内などを活用し二次元コードでモール出店を告知する。

■モール広告

ここでは3大ショッピングモールのAmazon、楽天市場、Yahoo!ショッピングの主なモール広告の特徴を紹介する。それぞれのモールで、自社の強みを活かしたり、差別化を図ったりなど、配信可能な広告の種類は異なる。いずれにせよ出店社の認知度と売上向上への貢献が目的だ。配信先という観点からはモール内に限った広告メニューとモール内外に配信できる広告メニューに大別できる。

【楽天市場のモール広告】

1億以上と発表されている楽天会員ID。このインパクトのある日本最大規模の会員登録情報と、それに紐づく閲覧や購買、サービス利用などの実行動ファクトデータに基づいたターゲティングができるのが特徴だ。

ファクトデータ、つまり検索などからの類推された情報ではなく、カード決済や口座開設など、事実に基づいたデータであるため情報の精度が高い。詳細なターゲティングができることは広告配信機能として大きな強みだが、これを最大限活用するために、ネットショップ運営者は、マーケティングの基礎知識をもとに店舗や商品、求めるユーザーについて熟考しておく必要がある。

【Amazonのモール広告】

Amazonへアクセスするユーザーの購買意欲は比較的高い傾向にある。「買いたいもの、必要なものを探している」ユーザーが多いため、広告を見たから欲しくなった、興味がわいた、というユーザーとは違っ

て、購買行動への距離が近いユーザーに広告を配信できるのがメリットだ。

　こうしたユーザーの特性を活かすように、ログイン済みであれば決済情報を新たに入力する必要なく購入決済が完結する利便性も高い。

【Yahoo!ショッピングのモール広告】

　Yahoo!ショッピング内のモール広告には「Yahoo! Commerce Ads（YCA）」がある。Yahoo!ディスプレイ広告の配信メニューのひとつで、Yahoo!ショッピングとPayPayモールが配信先のクリック課金制（PPC）広告だ。特徴は動画やレスポンシブ広告をショッピング画面に表示できること。画像やテキスト情報だけではなく、より多くの情報を盛り込んで訴求できる点が特徴だ。

　このような各モールの特徴を踏まえて、出店先のモールごとにプロモーション戦略を考える必要がある。例えばAmazonの場合は、商品単品でのプロモーションからスタートし、広告予算の余裕をみてからブランド・店舗としてのプロモーションを行うのが良いだろう。楽天市場とYahoo!ショッピングは、ネットショップへの集客という点では、商品（商品名でのキーワード検索）が入り口になるものの、ネットショップのリピート顧客の獲得が可能だ。Amazonにおいては、広告活用は必然性が高く、楽天市場は、モールに出店する以前からの知名度やオンラインモール以外からの集客による積み上げも不可能ではない。

　各モールのユーザーや出店社、商品トレンドなど、さまざまな要因の傾向と分析によってモール広告のメニューもアップデートされていく。利用する際は各モール公式サイトの広告利用に関するガイドラインや料金表など最新情報を確認し、各社の公式ラーニングサイトも活用しながら、広告配信の計画を立てて利用してほしい。

9章

ネットショップの運用

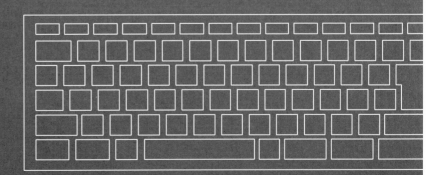

9-1 運営担当者の業務「ルーティン業務」

● 運営担当者のルーティン業務の流れ

ネットショップの運営担当者がどんなルーティン業務に携わるかは、実店舗の「店員」をイメージするとわかりやすい。一般的な店員の日常業務は、店頭でお客様と接し、注文を聞き、代金を受け取り、商品を梱包して手渡すことだ。その合間をぬって、在庫の確認や商品の検品作業といった業務もこなしている。

ネットショップの場合、注文がインターネット経由であること、商品は手渡しではなく発送すること、お客様とは対面ではなくメールでやりとりすることなどが実店舗と異なるが、ルーティン業務の基本的な内容は同じである。

全体の業務の流れは下記のようになる。各作業については次ページ以降で詳しく解説する。

① 受注内容の確認	注文があると、注文内容が記されたメールが届くので、住所や決済方法、配達希望日等を確認する。
② 入金の確認	決済方法がクレジットカードや後払い、代金引換等であればすぐに在庫確認と商品ピックアップへ。先払いの銀行振込やコンビニ決済の場合は、入金の確認後に次のステップに進む。
③ 在庫の確認と商品ピックアップ	在庫を確認し、商品をピックアップする。
④ 商品の検品作業	発送する商品の検品作業を行う。
⑤ 梱包	検品作業を終えたら、梱包作業に入る。熨斗(のし)・ラッピングへの対応も忘れずに。
⑥ 発送	検品・梱包を終えたら、商品を発送する。
⑦ 商品発送メールの送信	商品の発送をメールでお客様に伝える。

※後払いの場合、最後に入金確認が必要。

● 受注内容の確認

　注文が入ったら、運営担当者のもとに注文内容を記載したメールが届くので、受注内容を確認する。ASP型ショップ構築ツールやショッピングモール、パッケージ型ショップ構築ツールは、受注管理機能も備えているので、その機能を活用して各注文の内容をチェックすることもできる。確認すべきポイントは下記のとおりである。

■住所、氏名、送り先等
　注文者・配達先の住所・氏名等に漏れがないかチェックする。郵便番号や電話番号も、宅配会社の送り状に記入する必要があるので確認しておく。

■商品名、個数等
　商品名や個数等が漏れなく記入されているか確認する。個数の多い注文が入った場合は、早めに在庫確認する等の対応が求められる。

■配達希望日時、熨斗等の有無
　配達希望日時の指定があった場合は、配達先住所を確認のうえ、十分余裕を持って発送日を決める。ラッピング・熨斗等の希望があるかもチェックする。

■決済方法
　決済方法はもっとも重要な確認事項である。お客様がどのような決済方法を選択しているかによって、商品発送までの手順が変わってくるからだ。先払いの決済方法の場合は入金を確認後に商品発送の準備に進み、これ以外の決済方法の場合は、決済が完了していることを確認次第、商品発送の準備を行う。

▼決済方法に応じたその後の業務手順
【すぐに商品発送の準備に進む】
・後払い（銀行振込・郵便振替・コンビニ決済）
・代金引換
・注文時に支払いが完了する電子決済
　クレジットカード、デビットカード、二次元コード決済、キャリア決済、ID決済など

【入金確認後に商品発送の準備を始める】
・先払い（銀行振込・郵便振替・コンビニ決済）

ショップ構築ツールの受注管理機能
ASP型やショッピングモールの場合はWebブラウザで店の管理ページにアクセスして、受注管理を行う。パッケージ型は、パソコンにインストールしたソフトウェアで受注管理を行う。

注文時に決済が完了する電子決済
PayPay銀行の「リンク決済」、楽天銀行の「かんたん決済プラス」等がある。

ID決済
すでに登録済みのアカウントを使った決済。PayPayやAmazonなど外部の会員情報を使った決済も含む。

● 商品ピックアップ

ここからが商品発送のための準備作業となる。決済方法がクレジットカード決済、後払い（銀行振込・郵便振替・コンビニ決済）、代金引換等の場合は、すぐに商品在庫の確認を行う。

具体的には、注文内容をプリントアウトした「注文確認書」または「納品書」を見ながら、在庫の確認とピックアップを行う。その際、ピックアップする商品と数量を間違えないように注意すること。

商品をピックアップしたら、発送ミスを防ぐため、既定の場所に「注文確認書」（または納品書）と一緒に商品を一時保管しておく。注文ごとにカゴを準備し、その中に商品と注文確認書を入れておくという方法がよく採用されている。

なお、先払い（銀行振込・郵便振替・コンビニ決済）等、入金確認が必要な決済方法の場合は、「受注段階で商品のピックアップを行う」ケースと、「入金確認後、商品のピックアップを行う」ケースに分かれる。商品数が少なく、入金確認時に品切れになっている可能性が高い場合は、前者を選ぶ。

■在庫が切れていた場合

在庫確認時に商品の在庫が切れていたことがわかったら、すぐお客様にメールを出し、「入荷を待つか、商品購入を取り消すか」を打診する。この際、次回入荷の見込み日も伝える。入荷予定日が確認できている場合や、すぐに仕入れ先に確認できる場合は、具体的な日にちを伝えるのが良いだろう。

「入荷を待つ」との返事が来たら、正式な発送予定日をお客様に伝える。

受注後に製造する商品の場合も、発送可能時期を早めにお客様に伝えておく。

● 商品の検品作業

■検品マニュアルを作成する

商品を完璧な状態で届けるために必要なのが「検品作業」である。ネットショップの運営担当者としては実践して当然の業務だが、注意を怠ると「検品ミス」を招く危険性がある。

このため検品は、ショップごとに独自のマニュアルを作成して、そこで定めた項目に沿って、確実にチェックしていく。具体的には次の3つをマニュアルに盛り込む。

（1）商品ごとに検品する箇所を漏れなく決めておく

商品によって、検品すべき項目は異なる。そのため、商品ごとに、あ

らかじめチェックする項目を決めておく。

（2）商品ごとに検品重要箇所を決めておく

商品によって「ここが破損しやすい」「汚れやすい」という部分がある。それもマニュアルに記載することで、「重点的なチェック」が可能となる。

（3）どのレベルがNGか決めておく

検品中、「このキズは破損の範囲なのか？ そうではないのか？」と悩むことは多い。担当者独自の判断に任せてしまうと、同じ状態の商品を担当者によっては「破損物」と判断して再入荷まで発送を止めたり、「健全な商品」と判断してそのまま発送してしまったりと、ショップのサービスレベルを統一できない。さらに、担当者が悩むことで検品作業に時間がかかり、作業効率が落ちてしまう。

■検品は入荷時と発送時の2回

なお、検品作業は、「商品入荷時」と「商品発送時」の2段階に分けて行うのが基本である。商品を保管している間に他の商品と接触し、傷や破損が生じる可能性もあるからである。

「商品入荷時」のほうが、時間をかけて検品できるため、マニュアルを2つ作り、商品入荷時は詳しく、商品発送時はポイントを絞ってチェックするというショップもある。

■商品の保管場所も注意する

商品の保管場所にも注意を払う。絶対に避けるべきなのは「たばこの臭い」「ペットの臭い」がする場所での保管である。短時間の保管でも商品に臭いが付いてしまい、クレームの原因になる危険性が高い。

「臭い」には慣れがあるので、自分ではペットの臭いが気にならない、たばこの臭いが気にならない、と判断しても、それらに過敏なお客様は一瞬で気づき、それが元となってクレームに発展することもある。クレームにならないまでも、そのお客様からは二度と注文が来ないという状況は十分考えられる。

こうした事態を避けるためには、商品を保管するための専用の部屋を用意することも必要である。

● 商品の梱包作業

ネットショップでは、宅配便等を利用して商品を発送するため、いくら慎重に検品をしても、配送中に商品が破損してしまう可能性がある。配送中の破損等を防ぐために重要なのが、「商品の梱包」である。梱包をしっかりすることで、破損トラブルを避けることができる。

■梱包に必要な資材

　梱包に必要な資材は、下記表のとおり。エアークッション、発泡シート、ボーガスペーパー、ガムテープ、段ボールなどを揃えておく。この中で特に使用頻度が高いのがエアークッションである。これら資材は、ホームセンターやラッピング資材専門店をはじめ、各種ネットショップなどでも購入できる。

　また、段ボールには「自店のロゴ」を入れる店も多い。

揃えておくべき梱包資材	
エアークッション	120cm × 42m で 3,000 円前後
発泡シート	100cm × 50m で 3,000 円前後
宅配袋類	100 枚で 2,000 円から 3,000 円
薄葉紙（うすようし）	200 枚で 1,500 円前後
段ボール（3 辺合計 60cm 以内）	20 枚で 2,500 円前後
ガムテープ	50mm × 25m で 250 円前後

■商品梱包の基本

　商品梱包の基本は、エアークッションで商品を包み込み、頑丈な段ボールに詰めることである。これによりかなりの確率で商品の破損を防ぐことができる。特に、段ボール箱と中の商品の間に隙間を作らないように注意する。ちょうど良いサイズの箱を選び、空いた隙間にはエアークッションや発泡シートを少々きつめに詰める。

　梱包には"美しさ"も求められる。商品が届いたときに梱包が汚いと、商品自体に対する印象も悪くなるので、梱包した後の見栄えにも注意を払う。

　なお、梱包を行う際には、梱包資材を商品のサイズに切るなどの事前準備も必要となる。事前にいくつかのサイズに切りそろえておくことで、作業の効率を高めることができる。

■梱包のマニュアルを作成する

　梱包作業についても、検品と同様にマニュアルを作成しておく。「ガムテープの長さ」「取り扱い注意シールを貼る場所」といった細部まで決めておくことで、お客様に均一なサービスが提供できる。

　マニュアルによるルールの徹底は、作業のスピードアップにも貢献する。取り扱い注意のシールも、貼る場所が決まっていないと作業のたびにどこに貼ればいいか悩むことになる。その積み重ねが時間のロスにつながるので、業務効率を上げるためにも、マニュアルを整備しておくことが求められる。

　なお、最近では環境への配慮、エコへの取り組みに関心が集まってお

り、使用する段ボールについて、取引先などの段ボールをリサイクルして使用する店も出てきている。こうした取り組みを行う場合は、お客様にはサイト上でその旨を伝えておくべきである。また、新品の段ボールも選択できるように配慮することも必要である。

■1件の梱包時間を正確に把握する

商品の梱包に慣れてきたら、1件の梱包に何分程度かかるかを計ってみる。1日の限界梱包個数を把握するためである。

1日の注文が10数件程度であれば、梱包にかかる時間はそれほど問題ではなく、商品の発送準備も遅滞なく行うことができる。しかし、注文が殺到し出すと、梱包時間が把握できないことによって業務時間の見込みを間違えてしまい、結果的にその日の集荷時間が過ぎて、商品発送に遅れが生じる可能性も出てくる。

1件の梱包時間がわかれば、繁忙期には「ヘルプを1人、○時間頼もう」というように、先手を打って準備することができる。例えば1件の処理にかかる時間が5分だとしたら、「1人が1時間のヘルプに入ってくれれば、通常の個数に加えてさらに12個の梱包準備ができる」というように、業務の計画が立てやすくなる。

なお、宅配会社のドライバーに、常に「丁寧な配送」をお願いしておくことも必要である。もしも、荷物の取り扱いがずさんで、商品の破損が頻発するようであれば、宅配会社の変更も検討する。

● 商品発送の際に同梱するもの

商品を発送する際は、商品以外にもさまざまなものを一緒に送る必要がある。商取引の常識的なルールとして必要な書類や、今後の顧客コミュニケーションを円滑にする目的のもの、ショップ運営の改善に役立てるための情報収集を目的にするものなどがある。

具体的な同梱物としては、下記のようなものがある。

■納品書

納品書は、届いた商品が注文内容と相違がないかを確認してもらうための書類。「商品名」「個数」「購入金額」等を明記する。発送個数の間違い等を考慮に入れて、「商品には万全を期しておりますが、万一お気づきの点がございましたら、ご連絡ください」といった一文を添えておく。

ただし、最近ではエコの観点から、納品書を添えないケースも多くなっている。メールで「商品名」「個数」「購入金額」を送ることで、納品書の代わりとするものである。この場合は、サイト上で「納品書撤廃」の方針を記載すると同時に、希望者には納品書を送るような仕組みを整える。

■請求書

購入者が選んだ決済方法が「後払い（銀行振込・郵便振替・コンビニ決済）」の場合は、請求書を添える必要がある。納品書に記載した項目のほか、振込先や支払期日等を明記する。

■郵便振替用紙

決済方法が「郵便振替の後払い」の場合、郵便振替用紙を添える。

■コンビニ払込票

決済方法が「コンビニ決済の後払い」の場合、コンビニ払込票を同梱する。

■領収書

購入者が希望する場合は領収書を添える。なお、領収書に記載する金額が5万円以上の場合は、200円の収入印紙を貼る必要がある（記載金額が100万円を超え200万円以下の場合は400円等、金額とともに印紙代もアップする）。また、宛名を「上様」や空白にせずに、正しい宛名（名前、会社名等）を記載する。

領収書に必要な印紙税額
国税庁のホームページで印紙税額を確認できる。

■新商品等のサンプル

リピート購入に結び付けるために、新商品や関連商品のサンプルを同梱するショップもある。気に入ったらすぐに購入してもらえるように、商品ページのURLや二次元コードを掲載した印刷物、ファックス注文票等を一緒に入れておく。

■ノベルティグッズ

仕入先等からもらったノベルティグッズを同梱することで、顧客に喜んでもらい、店の印象を良くするという方法もある。

■商品の使い方を説明した冊子等

商品の使用方法を丁寧に解説した冊子を作り、同梱する。文字だけでなくイラストや写真を使うことで、商品の正しい使い方、正しい知識が伝わりやすくなる。間違った使い方をされてしまうことを防ぐとともに、商品や店舗に対する満足度アップにもつなげることができる。

■「お客様の声」を求めるアンケート用紙

ショップ運営の改善に役立てるため、「お客様の声」を書いてもらうためのアンケート用紙を同梱する。店の商品やサービス、接客等の質を向上させていくために、お客様から寄せられる声は必要不可欠である。お客様側から自発的にコメントを寄せてくれることは少ないので、あらゆる機会を利用して店側から積極的に意見を求める必要がある。

● ラッピング

　ネットショップでは、ギフト向けのラッピング需要が多い。ギフトを贈った人、受け取った人双方に喜んでもらえるようなラッピングサービスは、ネットショップにとって大きな武器にもなり得る。

ラッピングの効果

① 商品自体のグレードが高まり、満足度アップにつながる。

② ギフトを受け取った人がショップの対応や商品を気に入って、その店の新規顧客になる。

③ 贈り主は、ギフトを受け取った人に感謝されることで、ショップを信頼し、定期的なギフトをいつも同じショップに依頼するようになる。店にとってはリピーター確保につながる。

　上記のようにラッピングサービス導入の効果は高いのだが、お客様が大事な人に商品を贈るときに使うサービスなので、しっかりとしたラッピングを施す必要がある。せっかくラッピングサービスを導入しても、ラッピングのクオリティが低いと逆にショップの信頼を落としてしまうことになる。

　例えば、バレンタインデーのギフトの場合、多くの店がリボンやシール、商品を入れる巾着袋やバッグにまでさまざまな工夫を凝らしている。バレンタイン用のハートマークの包装紙で商品を包んだだけで、お客様の満足を得ることは難しい。

　現在、多くのネットショップがラッピングサービスを行っており、そのクオリティは年々向上している。このためラッピングを任される担当者は、基本テクニックをしっかり習得する必要がある。先輩の店員や店長に習ったり、ラッピング教室に通ったりするなどして、スキルアップに努める。

　最初のステップとしては、「斜め包み」「ふろしき包み」「合わせ包み」の3つの基本テクニックを覚えておく。

● 熨斗（のし）

　お中元・お歳暮・出産祝い・結婚祝いなど、あらたまった贈り物をするときに、熨斗は欠かせない。一見どれも同じように見えるが、その用途によって、使用する熨斗紙は変わってくる。

　熨斗紙についている飾りひもは「水引」といい、結び方によって「蝶結び」と「結び切り」に分けられる。このうち、祝儀の贈り物に使われるのが「蝶結び」だ。

紅白水引2本結び切り
白　紅

紅白水引1本蝶結び
白　　　紅

黒白水引1本結び切り
白　黒

　一方、結婚祝いの場合は「結び切り」を使うことになる。「結び切り」は再び起こることを願わない贈り物に使う。結婚祝いのほか、快気祝い、仏事にも使われる。なお、水引の色は、結婚祝いは「紅白や金銀」、仏事は「白黒か銀一色」となる。

　なお、熨斗の配置場所は日本東西で異なっており、東日本は熨斗が水引に掛かっているのに対し、西日本の場合は水引から離れた位置に熨斗がデザインされている。贈り先により「東日本版」「西日本版」を使い分けることになる。

　熨斗のサービスを行う場合には、熨斗紙の上部中央に書く「表書き」にも注意を払う必要がある。

熨斗の表書き	
内祝	身内のお祝いごとや、極めて親しい人への贈り物に使う表書き。結婚祝い、出産祝い、入学祝いのお返しのときにも使われる。
寿福、敬寿	敬老の日など、長寿のお祝いに使う。
中元	7月初めから15日にかけて贈る季節の挨拶。なお、7月15日を過ぎたら「暑中見舞い」とするのが一般的だ。
迎春、年賀、御年賀、御年始	正月の挨拶に使う表書き。1月15日を過ぎたら「寒中見舞い」とする。
寿、祝御結婚、御結婚御祝、御祝	結婚祝いの贈物の表書き。
歳暮	12月中旬から年末にかけての贈り物に使う表書き。
御祝	あらゆるお祝いに使うことができる。

　表書きの下に書く差出人の名前も、差出人が個人か連名かで書き方が異なってくる。

・個人で贈る場合

表書きと縦で一直線になるように、水引の結び目を挟んだ下の部分に書く。また、表書きよりも小さな文字で書くこと。

・連名で贈る場合

右から順番に、地位や年齢が上の人の名前から書く。地位が同等であれば、五十音順で書くこと。連名者が多くて書くスペースがない場合は、代表の名前と「他○名」とすればよい。

・会社で贈る場合

会社名と名前を書く場合は、右から「会社名」「役職・部署名」「名前」の順番で書く。会社名は名前よりも文字を小さくすること。

なお、贈答品がお祝い用でも、生もの「(肉や魚介類＝貝類・鮮魚・精肉等)の場合は、熨斗を付けない。熨斗は元来、のし鮑(あわび)に由来しており、生ものだと重なってしまうというのが、その理由だ。

ネットショップを運営するうえで、熨斗のニーズは極めて高いので、上記のような基本知識を習得しておく必要がある。

● 先払い決済の入金確認

これまで見てきたように、ネットショップの運営担当者は、注文確認から商品発送まで、基本的には決められた業務フローに沿って各注文を効率的に処理していく。

ただし、決済方法が先払いの銀行振込・郵便振替・コンビニ決済・電子マネー(楽天Edy、モバイルSuicaなど)の注文については、商品ピックアップや検品作業に進むのを一時中断し、購入者からの入金を待つ必要がある。

購入者がすぐに入金してくれればいいが、注文から何日過ぎても入金が確認できない、ということも往々にしてある。

そのような先払い決済の注文に対しては、「振込・入金のお願いメール」をいつのタイミングで購入者に送るかなど、対応の仕方をあらかじめ決めておくとよい。入金確認を効率的に行うためには、下記のような準備をしておく。

■支払い期限を明確にする

先払い決済については、必ず支払期限を設定する。サイトには「注文日から10日間」などと明記する。購入者への注文確認メールなどには「お支払い期限は○月○日です」と日付まで記載したほうが親切だ。また、支払期限が過ぎた場合は、注文がキャンセルとなる旨も伝える。

■「入金のお願いメール」送信タイミングを決めておく

購入者に対して「支払い期限の2日前にメールを送る」「4日前と2日前の2回送る」など、ショップごとに送信ルールを決めておく。もちろんメールの内容はテンプレート化し、どの担当者でも時間をかけず送信可能にしておく。

■迅速な入金確認

せっかく入金してくれたのに、店側の入金確認が遅れて発送が後回しになってしまったなどということがないように、迅速な入金確認が可能な体制を整える。銀行振込については各銀行のインターネットバンキング・サービスを利用、郵便振替については「ゆうちょダイレクト」を利用する。入金のメール通知サービスも併用することで、迅速な入金確認が可能になる。コンビニ決済や電子マネーについては、決済代行会社からの入金通知ですぐ確認できる。

● 商品発送までのメール対応

ネットショップでは、店とお客様を結び付けるコミュニケーション・ツールは、主に「メール」になる。それだけに、お客様の満足度を高めるのも、安心感を与えるのも、メール次第ということになる。

お客様は、商品の品質やショップのサービスの善し悪しだけで、満足をしたり、逆にクレームを出したりするのではない。その前に「自分が大切に扱われているか？」を敏感に感じている。大切に扱われると感じていただくには、細かいコミュニケーション、早いコミュニケーション、真摯なコミュニケーションに尽きる。ネットショップの運営担当者は、お客様の気持ちを考えながら、メールコミュニケーションを実行する必要がある。

■運営担当者がルーティン業務の中で送るメール

注文から商品発送までのルーティン業務の中で、お客様に送る必要のあるメールは、

① 注文確認メール　② 商品発送メール　③ 入金確認メール
の3つである。以下、それぞれの内容を説明する。

① 注文確認メール

ネットショップで買い物をして「注文ボタン」を押したとき、お客様の多くは「本当に買い物ができただろうか？」「ショップに注文が届いているのか？」などと不安を抱く。このため「注文確認メール」を送ることにより、その不安を解消する必要がある。

また、注文直後に送信される「注文確認メール」には、お客様が自分の注文した内容を確認できるという利点もある。

　なお、ショッピングモールに出店している場合や、ショップ構築ツールを使って独自ドメイン店を運営している場合は、お客様から注文が入った際、自動的に「注文確認メール」が送信されるように、あらかじめ設定しておくことができる。この場合はメールの文面で「自動的に送信されたメール」であることをきちんと伝えておく。

　また、自動配信後に、手動でメールを送ってもいい。特に、「在庫切れ」などによって、すぐに商品が発送できない状況であれば、この手動の「注文確認メール」で「在庫切れ」であることを記載するとともに、「いつ発送できるか」を明確にお知らせする。また、入荷が相当遅れるなどの場合は、このメールでお詫びのメッセージを送るとともに「キャンセル」を受け付ける旨も記載する。

　このほか、注文時にお客様から熨斗やラッピングについての細かな要望が書かれていたり、商品そのものや発送日などに関して問い合わせのコメントがついていたりした場合も、手動の「注文確認メール」で回答する必要がある。

② 商品発送メール

　商品を発送する際に送るのが「商品発送メール」である。注文を終えたお客様はいつ商品が届くのか心待ちにしている。手続きの進捗状況をお知らせする意味でも「商品発送メール」を送り、商品発送の手配を終えたことを伝える。

　このメールにより、お客様に安心感を持っていただくばかりでなく、商品到着日時がわかることで、「○月○日の午前中は自宅にいる必要がある」といった予定の調整をしていただくことができる。

　「商品発送メール」は、「注文確認メール」のように自動配信ではなく手動でメールを作成して送信するが、あらかじめメール本文のひな型（テンプレート）を作っておき、商品名や数量を入力すれば完成する状態にしておく。

　ショッピングモールやショップ構築ツールの場合、各種メールのテンプレートを作成・保存しておける機能が用意されている。こうした機能を活用することにより、効率的にメール送信業務を行うことができる。

　「商品発送メール」に盛り込む内容で、特に重要なことは、

・商品の発送時期を明確にする
・利用した配送業者と伝票（送り状）番号を伝える

の2つである。伝票番号がわかれば、お客様は配送業者のホームページにある追跡システムで、商品の配送状況を確認することができる。配送状況が確認できるホームページのURLも併せて記載し、お客様がすぐに配送状況を確認できるようにする。

③ 入金確認メール

　「入金確認メール」は、お客様の決済方法が先払いか後払いかで送信のタイミングが異なる。

　先払いの場合は、商品を発送する前、入金が確認できた時点で送る。そのため、ネットショップの中には「入金確認メール」と「商品発送メール」を一つにまとめるケースも見られる。後払いの場合は、商品発送後、入金が確認できた段階で送る。

　このうち後払いのお客様への「入金確認メール」は、送る必然性がある最後のメールとなる。このため、「またよろしくお願いします」といった形式的な文面だけではなく、次の購入につなげるための"一工夫"が必要である。

　具体的には、「入金確認メール」に以下のような内容を盛り込む方法が考えられる。

お客様の声の募集	ネットショップの多くは「お客様の声」ページを設け、販売促進に役立てている。そこで「入金確認メール」で「お客様の声の募集」をする。
メールマガジン（メルマガ）登録	メルマガを発行している場合は、メルマガの登録をお願いする。この場合、単に「購読してください」ではなく、「メルマガ会員限定サービス実施中」など、メルマガ購読のメリットを伝える。
ソーシャルメディアへの誘導	X（旧 Twitter）や Facebook などを活用している場合は、ショップの X（旧 Twitter）アカウントや Facebook ページの URL を掲載して、「フォロー」「いいね！」をお願いする。ソーシャルメディア限定でタイムセールなどのお得情報を告知していることなども伝える。

　「注文確認メール」「商品発送メール」「入金確認メール」以外にも、必要に応じて運営担当者が送るメールとしては、

　　　　・入金（振込）のお願いメール
　　　　・注文のキャンセルメール
　　　　・注文内容の変更確認メール

などがある。送信する頻度が高いメールについては、ひな型を作成し、効率的なメール送信業務が行えるように準備しておく。

注文内容のご確認メール

ネット 太郎様

お申し込みいただきまして誠にありがとうございます。
ネット 太郎様のお申し込みを下記の内容で承りましたのでご連絡申し上げます。

■ご注文内容--

　◆ご注文番号 00000000
　◆ご注文日時 2024/00/00 00:00
　◆お支払方法コンビニ（番号端末式）・銀行 ATM・ネットバンキング決済
　◆お支払金額 3,024 円（税込）
　　（内訳）
　　商品合計　3,024 円
　　送料　送料無料

■お届け先--

　◆お届け先
　［お名前　　　　　　　　］ネット 太郎様
　［お名前（かな）　　　　］ねっと たろう様
　［法人名・団体名　　　　］ネットショップ能力認定機構
　［法人名・団体名（かな）］ねっとしょっぷのうりょくにんていきこう
　［部署名　　　　　　　　］事務局
　［郵便番号　　　　　　　］123-4567
　［ご住所　　　　　　　　］○○○都△△△区□□□ 123-45
　［お電話番号　　　　　　］03-0000-0000
　［FAX 番号　　　　　　　］03-0000-0000

　［お届け商品］　　　　　　　　　（全て税込価格）
　==
　［品番］text2014L1
　［品名］改訂版ネットショップ検定公式テキスト ネットショップ実務士レベル 1 対応
　　　　　税込単価:3,024 円　数量: 1　小計:3,024 円
　==

■ご注文者--

　［お名前　　　　　　　　］ネット 太郎様
　［お名前（かな）　　　　］ねっと たろう様
　［法人名・団体名　　　　］ネットショップ能力認定機構
　［法人名・団体名（かな）］ねっとしょっぷのうりょくにんていきこう
　［部署名　　　　　　　　］事務局
　［郵便番号　　　　　　　］123-4567
　［ご住所　　　　　　　　］○○○都△△△区□□□ 123-45
　［お電話番号　　　　　　］03-0000-0000
　［FAX 番号　　　　　　　］03-0000-0000
　［メールアドレス　　　　］○○ @ ○○ .jp

■ご注文者--

　［コンビニ（番号端末式）・銀行 ATM・ネットバンキング決済］
　お支払い期限:2024/00/00
　お支払い番号:1234-567-890-0
　お支払い方法（PC 用）
　https://xxxxxxxxxxxxxxxxxxxxxxxxxxxxxxxxxxxxxxxx
　お支払い方法（携帯用）
　https://xxxxxxxxxxxxxxxxxxxxxxxxxxxxxxxxxxxxxxxx
　確認番号（コンビニ端末と銀行 ATM で使用）:1234
　収納機関番号（銀行 ATM で使用）:12345

　【先払いとなります】
　※［お支払期限］に記載の期日とは異なりますのでご注意ください。
　　その他教材は、［お支払期限］に記載の期日までにお支払ください。
　　お支払い手順につきましては、各機関のスタッフにお問い合わせください。

ネットショップ能力認定機構で実際に使用されているメールより抜粋

入金確認メール

ネット 太郎様

お申し込みいただきまして誠にありがとうございます。
ネットショップ能力認定機構　運営事務局でございます。

本日、下記のご入金を確認させていただきました。
ご入金確認後、2営業日以内に発送いたします。

■ご注文内容 --

◆ご注文番号 00000000
◆ご注文日時 2024/00/00　00:00:00
◆お支払方法コンビニ（番号端末式）・銀行ATM・ネットバンキング決済
◆お支払金額 3,024円（税込）
　　　　　　　　　　　　　（全て税込価格）
===
品名　　　　　　価格　　　数量　　　小計
===
2014-15年版 ネットショップ検定公式テキスト ネットショップ実務士レベル1対応
　　　　　　　3,024円　　　1　　　3,024円

商品合計　　　　　　　　　　　3,024円

送料　　　　　　　　　　　　　送料無料

合計金額　　　　　　　　　　　3,024円
===

■ご注文者 ---

[お名前　　　　　　　] ネット 太郎様
[お名前（かな）　　　] ねっと たろう様
[法人名・団体名　　　] ネットショップ能力認定機構
[法人名・団体名（かな）] ねっとしょっぷのうりょくにんていきこう
[部署名　　　　　　　] 事務局
[郵便番号　　　　　　] 123-4567
[ご住所　　　　　　　] ○○○都△△△区□□□ 123-45
[お電話番号　　　　　] 03-0000-0000
[FAX番号　　　　　　] 03-0000-0000
[メールアドレス　　　] ○○@○○.jp

■お届け先 ---

[お名前　　　　　　　] ネット 太郎様
[お名前（かな）　　　] ねっと たろう様
[郵便番号　　　　　　] 123-4567
[ご住所　　　　　　　] ○○○都△△△区□□□ 123-45
[お電話番号　　　　　] 03-0000-0000

ネットショップ能力認定機構で実際に使用されているメールより抜粋

商品発送のご案内メール

ネット 太郎様

この度は、ネットショップ実務士公式テキストをご注文いただきまして
誠にありがとうございます。

下記の通り商品を発送させていただきました。
なお、本メールをもって、納品書に代えさせていただきます。

ご確認よろしくお願い申し上げます。

　　[配送業者]　　　日本郵便
　　[お問い合わせ番号] 1234-5678-9000
　　[確認用URL]　　http://tracking.post.japanpost.jp/services/srv/search/
　　※本メールの送付時点では、反映されておりません為明日以降ご確認ください。

■ご注文内容 --

　◆ご注文番号 00000000
　◆ご注文日時 2024/00/00 00:00
　◆お支払方法コンビニ（番号端末式）・銀行ATM・ネットバンキング決済
　◆お支払金額 3,024円（税込）
　　　　　　　　　　　　（全て税込価格）

===
品名　　　　価格　　　　数量　　　　小計
===
改訂版 ネットショップ検定公式テキスト ネットショップ実務士レベル1対応
　　　　　　3,024円　　　　1　　　　3,024円
===

商品合計　　　　　　　　　　　　　　3,024円
===

送料　　　　　　　　　　　　　送料無料
===

合計金額　　　　　　　　　　　3,024円
===

■ご注文者 --

　[お名前　　　　　] ネット 太郎様
　[お名前（かな）　] ねっと たろう様
　[法人名・団体名　] ネットショップ能力認定機構
　[法人名・団体名（かな）] ねっとしょっぷのうりょくにんていきこう
　[部署名　　　　　] 事務局
　[郵便番号　　　　] 123-4567
　[ご住所　　　　　] ○○○都△△△区□□□ 123-45
　[お電話番号　　　] 03-0000-0000
　[FAX番号　　　　] 03-0000-0000
　[メールアドレス　] ○○@○○.jp

■お届け先 --

　[お名前　　　　　] ネット 太郎様
　[お名前（かな）　] ねっと たろう様
　[郵便番号　　　　] 123-4567
　[ご住所　　　　　] ○○○都△△△区□□□ 123-45
　[お電話番号　　　] 03-0000-0000

ネットショップ能力認定機構で実際に使用されているメールより抜粋

注文のキャンセルメール

ネット 太郎様

お世話になっております。
ネットショップ能力認定機構　運営事務局でございます。

誠に恐れ入りますが、ネット 太郎様のお申し込みにつきまして、
事前にご案内しておりましたお支払い期限を過ぎましたので、
キャンセルとさせていただきました。
なお、本日以降のお支払いは無効となりますのでご了承ください。

次回のお申し込みをお待ちしております。

■ご注文内容 ---
　◆ご注文番号 0000000
　◆ご注文日時 2024/00/00 00:00:00
　◆お支払方法コンビニ（番号端末式）・銀行 ATM・ネットバンキング決済
　◆お支払金額 3,024 円（税込）
　（全て税込価格）
　==
　　　品名　　　　　　価格　　　　数量　　　　小計
　==
　改訂版 ネットショップ検定公式テキスト ネットショップ実務士レベル 1 対応
　　　　　　　　　　3,024 円　　　　1　　　3,024 円
　--
　商品合計　　　　　　　　　　　　3,024 円
　==
　送料　　　　　　　　　　　　　　送料無料
　==
　合計金額　　　　　　　　　　　　3,024 円
　==

■ご注文者 ---

　[お名前　　　　　　　]　ネット 太郎様
　[お名前（かな）　　　]　ねっと たろう様
　[法人名・団体名　　　]　ネットショップ能力認定機構
　[法人名・団体名（かな）]　ねっとしょっぷのうりょくにんていきこう
　[部署名　　　　　　　]　事務局
　[郵便番号　　　　　　]　123-4567
　[ご住所　　　　　　　]　○○○都△△△区□□□ 123-45
　[お電話番号　　　　　]　03-0000-0000
　[FAX 番号　　　　　　]　03-0000-0000
　[メールアドレス　　　]　○○@○○.jp

ネットショップ能力認定機構で実際に使用されているメールより抜粋

● 再来店・再購入につなげるアフターフォロー

　商品の発送で、お客様との取引は終了したことになるが、ここからは再来店、再購入を促すための取り組みを始める必要がある。

　新規のお客様を獲得するためには、販促費や広告費、人件費等、一定のコストがかかっている。そのコストを1回の購入で回収できることは少ない。繰り返し購入してもらうことで、利益が上がるようになっていくのである。また、一般に既存客に再購入を促すコストは、新規客獲得コストの5分の1と言われる。このため、積極的に「次回の購入」を促す取り組みが、運営担当者にも求められる。

■お礼メールを配信する

　再購入を促すアフターフォローの第1歩は、「お礼メール」の配信である。商品が届いた頃に、感謝の気持ちを込めて送る。また、商品の感想や店舗に対する評価を募集したり、新商品情報を掲載したりする。ただし、お礼メールの送信は1回に限る。

■メール以外のアフターフォロー

　メール以外にも、お礼のハガキを郵送するなど、運営担当者として「次の購入」を促すためにできることはいろいろある。代表的なアフターフォローを紹介する。

（1）お礼のハガキの郵送

　繁盛店の多くが、インターネットだけでなくハガキなどを活用して、お礼の気持をアナログ形式でも伝えている。特に購買年齢層が高い店の場合、お客様は手紙やハガキに慣れ親しんでいるため、店の印象が良くなる可能性が高い。10代〜20代における手紙のやり取りが日常化していない年齢層でも、新鮮さを感じてくれる可能性がある。

（2）サプライズ企画の実施

　お礼メールやお礼のハガキを送った後に試したいのが「サプライズ企画」である。商品到着から1週間程度過ぎた頃にサンプル商品の発送などを行うことで、薄れ始めてきた店の記憶を呼び起こす効果が期待できる。

（3）商品カタログの発送

　定期的に商品カタログを作っている場合は、アフターフォローの一環としてカタログの発送を行う。ただし、定期的に商品カタログなどのDMを送る場合は、事前にお客様の許可を得る必要がある。商品発送メールなどで、今後も継続的にDMを送って良いかどうかを確認する。

お礼メール

○○○様
先日は「△△」をお買い上げいただきまして、誠にありがとうございました。

この度、お買い上げいただいた商品、当店の対応は、いかがでしたでしょうか？
お客様の声をいただくことが、私たちにとって何よりもの励みになります！

ぜひ、下記のフォームから○○○様の当店に対する
ご感想をお寄せください。

↓↓店舗評価のページへ↓↓
http://www.○○.jp/○×○

皆様のお声をもとに、より良いショップ作りに励みたいと存じます。
よろしくお願いいたします。

また、新しい商品等を追加しておりますので、ぜひショップページをご覧ください。
今後とも、引き続きご愛顧下さいますようお願い申し上げます。

■ 連絡先 --
[ショップ名] ○○○○グッズ専門店
[URL] http://○○.jp

[販売責任者] 杉浦治
[所在地] 〒160-0000 東京都新宿区新宿０－０－０
[電話番号] 03-0000-0000
[E-Mail] ○○@○○.jp

当店をご利用いただきまして誠にありがとうございます。

9-2　運営担当者の業務「その他の業務」

● 1日のスケジュールを立てる

　ネットショップの運営担当者は、注文確認から商品発送までのルーティン業務以外にも、日々さまざまな業務が発生する。なかでも重要なものが、お客様からのお問い合わせやクレームへの対応である。

　お問い合わせやクレームは、いつ、どのような内容のものが来るのか予測できず、また、メールで来ることもあれば、電話で直接話をうかがうこともある。内容によっては、対応に時間がかかることも少なくない。

　もちろん、そうした場合でも、その日の「受注〜発送作業」を滞らせるわけにはいかない。ルーティン業務をこなしながら、突発的な業務にも柔軟に対応していくためには、1日のスケジュールを前もって組み立てておくことが重要である。

　スケジュールを決めずに「行き当たりばったり」で日々の作業を行っていると、ミスやトラブルを招く原因になり、作業効率も落ちる。ルーティン業務が遅れて焦っている状況では、お問い合わせやクレームに満足のいく対応はできない。

　逆にきちんとした1日のタイムスケジュールがあり、その時間までに終わらせておくべき業務が予定どおり完了していれば、突然のお問い合わせやクレームが来ても、気持ちに余裕をもって対応できる。

■スケジュールは集荷時間から逆算

　運営担当者の1日のスケジュールを決めていくうえで、基準になるのは宅配会社の「集荷時刻」である。宅配会社と契約すると「夕方17時に集荷」といった取り決めが交わされる。

　この時刻までに当日発送商品の準備をすべて終了しておく必要があるので、1日のスケジュールは、集荷時刻から逆算して組み立てる。

　なお、繁盛店になると、「1日2回集荷」というように複数回の集荷が行われることもある。その場合も、各集荷時刻に合わせて作業が終わるよう、受注確認から発送準備までの業務サイクルを回す必要がある。

　以下に、運営担当者の1日のスケジュール例を示す。これが絶対というわけではなく、あくまで参考として見ていただきたい。業種業態、季節、組織体制の事情等によって、臨機応変に変更し、店ごとに最適なスケジュールを組んでいくべきである。

1日のスケジュール（例）1日2回集荷のショップの場合

時間	項目	内容	ポイント
午前 9:00	朝礼、作業場の掃除	朝礼に参加する 商品発送を行う作業場が汚れていると、ホコリが商品に付着するなどの事態が発生する。出社したら作業場を掃除し、清潔な状態にする。	・朝礼にはノートを用意し、自分の業務に関わる内容は書き留める。 ・細かいゴミ（髪の毛、シャープペンシルの芯など）は見落としがちなので注意する。 ・コーヒーのシミなどでテーブルが汚れていると、商品に色が付着するので、雑巾できれいに拭う。 ・商品にタバコの臭いが付いてしまうため、業務エリアに近い場所では喫煙しない。また、喫煙後は業務エリアに臭いを持ち込まないよう十分注意する。
午前 9:30	午前の受注確認	お客様からの注文が入っているかの確認を行う。併せてお問い合わせメールへの返信も行う。	・「正午までの注文は当日発送」などと、どの注文までを当日発送にするかといったルールに従う。夕方まで当日発送の場合は、一度に受注処理をするのではなく、午前と午後の2回に分ける。 ・お問い合わせメールへの返信も迅速に行う。受注確認後にお問い合わせに対応するなど、業務の順番を決めておき、そのルールに従ってお問い合わせに対応する。お客様からの連絡は絶対見落とさないよう注意する。
午前 10:00	注文内容をプリントアウト	午前の受注確認分の注文確認書（納品書でも可）をプリントアウトする。	・注文確認書をもとに商品をピックアップする。見落としがないように注意する。 ・注文確認書をプリントアウトしたら、受注リストにチェックを入れる等、注文ごとにステータスを識別できるように記録する。
午前 10:30	商品のピックアップ	注文確認書に書かれた「商品名」「数量」などを確認しながら商品をピックアップする。	・商品をピックアップしたら、注文確認書と同一の箱に入れるなどして保管し、発送ミスを防ぐ。 ・「色」や「サイズ」「個数」などは間違わないよう細心の注意を払う。 ・商品の欠品が発生していたら、お客様にメールを送り、意向を確認する。
午前 10:45	発送商品の検品	マニュアルに沿って、商品を検品していく。	・商品の検品はマニュアルに従って行う。 ・毎日検品作業を行っていると、手を抜いてしまいがちになるので注意する。

午前 11:00	発送準備	配送伝票を印刷し、同梱する請求書、領収書等の印刷も行っていく。	・商品を発送するときに同梱すべきものをすべて準備する。 ・「領収書希望」等のお客様からの要望を見落とさない。
午前 11:15	梱包	発送準備が整ったら、梱包作業に入る。	・発送ミスがないように「注文確認書と発送伝票の住所」および「注文確認書とピックアップした商品」に相違がないか再確認する。 ・ラッピングや熨斗の要望があれば対応する。
	お昼休み		
午後 1:00	雑務	やり残している業務や、ルーティン業務以外の業務時間に充てる。	・午前の発送作業の量が多ければ、この時間を使って引き続き作業する。 ・雑務もスケジュール計画を立てて行っていく。 ・お問い合わせメールの中でも、お礼メールなど返事を急がなくていいものは、発送作業後に返信してもよい。 ・ネットショップの更新作業（商品撮影、商品の入れ替えなど）を担当している場合は、「火曜日の午後1時から3時」という具合に、1週間の中で対応する時間を決めておく。 ・商品入荷作業、入荷時検品、倉庫への保管なども担当している場合は、「発送作業終了後の30分で行う」などのルールを決めておく。
午後 3:00	午後の受注作業	午後の受注確認作業を行っていく。	・午前中と同じように、注文確認書のプリントアウト、商品のピックアップ、検品、梱包作業を行う。
午後 5:00	集荷	宅配業者に当日発送分の商品を預ける。	・宅配業者との信頼関係を築くため、日ごろからあいさつは欠かさないようにする。 ・集荷を終えたら「発送記録」をつける。
午後 5:15	商品発送メールの送信	お客様に商品を発送した旨を知らせる「商品発送メール」を送る。	
午後 5:45	終礼	日報記入を終えたら、終礼。	・日報記入は忘れないこと。 ・翌日にすべきことも確認する。 ・作業場等を掃除し、整理整頓したら退社。

● お問い合わせ対応

　実店舗では、お客様が店員に対し「この服は洗濯機で洗えますか？」などの質問をするケースは多い。商品を手にとって確認できないネットショップでは、こうしたお問い合わせが実店舗以上に届くものだと認識しておきたい。

　しかし、お問い合わせがあまりに多いと、ほかの業務に支障をきたす。そのためFAQを充実させ（205ページ参照）、できるだけお問い合わせを少なくするなどの取り組みも求められる。それでもお客様からのお問い合わせメールがゼロになることはない。運営担当者は、そうしたお問い合わせに迅速かつ丁寧に対応する必要がある。

■早めの返信を徹底する

　お問い合わせ対応では、まず「お問い合わせ対応の時間帯」をルール化する。基本的にはネットショップの営業時間帯の中で、「早めのレス（返信）」を徹底する。インターネットという特質上、相手の顔が見えないため、お客様は自分の問い合わせが届いているかどうかさえ、すぐには確認できない。よって、お客様の多くは「即返信」を望んでいるのである。

　スマートフォンの利用が一般的となり、即時性が求められる傾向も高まった。返信が"遅い"と、お客様は返信が"ない"と感じ始める。しばらくすると「このショップは私を無視している」と思うようになる。この感情は実店舗も同じである。

　店員がお客様の様子に敏感でないと、「このショップは売る気がない。私を大切に扱ってくれない」と思われてしまう。たとえその店員がお客様のことを考えていたとしても、行動するのが遅いと、店全体の信頼を壊してしまうのである。

　例えば、前日23時（営業終了後）にお問い合わせが入っていれば、翌日の早い段階で対応する。基本的には1日のスケジュールの合間を見て対応すればいいが、お問い合わせ内容によっては、ルーティン業務を中断して対応する必要もある。

■即答できなくても即返信する

　寄せられた質問の中には、すぐに答えられない内容のものもある。だからといって、そのまま放置していてはお客様の不信感が大きくなるだけだ。「現在、調べておりますので、しばらくお待ちください」といった文面でよいので、すぐに返信する。併せて「○○日までに返事をいたします」と、期限の提示も行う。重要な点は、担当者が「対応している」ことではなく、お客様が「対応してもらっている」と認知しているかどうかである。

迅速な対応とともに、「丁寧さ」も心掛ける。お問い合わせに対してぶっきらぼうな文面を返してしまうと、いくら迅速な対応ができていてもお客様に悪い印象を与えてしまう。へりくだった文面にする必要はないが、親しみやすい雰囲気を出すように心掛ける。

お客様の中には、絵文字などを使ったフランクな文体の方もいる。この場合は、お客様の文体に合わせて、少々くだけた文体でも構わないが、お客様よりは少しでも丁寧なレベルを維持しておく。

■お問い合わせと回答は同僚と情報共有

お客様からのお問い合わせは「マニュアル化」し、回答は「テンプレート化」して、担当者が違っても同じ品質と同じ内容で対応できるようにしておきたい。同僚とはときに情報共有や意見交換を行い、対応の品質が維持できているか確認しあう。同じ質問に対して、人によって異なる対応や回答をしてしまうと、店に対する不信感が生まれるので注意が必要だ。

なお、お問い合わせ対応時間外は、緊急を要する案件以外は対応しない、と決めることも品質を一定に保つ運用手法である。例えば、対応時間帯が「10時〜18時」なのに、午前9時のお問い合わせに安易に対応することを控える。そのお客様から再び9時にお問い合わせが入ったとき、別の担当者が10時以降に対応した場合、「前はもっと早く対応してくれた」「対応の質が落ちた」という評価につながってしまう可能性があるからだ。

■電話でのお問い合わせには電話で返す

お問い合わせがメールではなく、電話で寄せられることもある。その場合は「電話であれば電話」「メールであればメール」で対応していく。お客様の習慣や環境に合わせた手段でコミュニケーションをとることが大切だ。ファックスのお問い合わせに電話で答えるときは、「電話での回答でよろしいでしょうか」と聞く。

お客様からのお問い合わせ内容は、すべて記録を取る。お客様の名前と連絡先、お問い合わせ日時と内容、どのような対応をとったか、どのようなコメントをもらい、どのような反応だったのかを記録しておく。その記録を元に業務を改善し、マニュアルに反映させていく。

問い合わせではなく、お客様から「ありがとうメール」が届いた場合も、必ず返信する。ただし、何度もメールのやり取りを繰り返すと、業務に支障をきたすことになるので、やりとりは1回のみを心掛ける。

そのためには返信メールの中で、必要以上にお客様に質問を投げかけない。余計な問いを投げかけてしまうと、延々と会話が続くことになる。

また、ブログやX（旧Twitter）、Instagramアカウントなどを設けて、お客様との交流を図っている店では、お客様からの書き込みに何らかの返事をすることも大切な業務だ。

自分の書きこんだ内容に対し、店員からの返事を待っているお客様は多い。返事は簡単でもいいので、できるだけ迅速に対応し、店側が書き込みをしっかり読んでいることを印象づける。

● クレーム対応

お客様からの問い合わせで一番気を使うのは「苦情やクレーム対応」である。ネットショップを運営するうえで、苦情やクレームは避けて通ることはできない。

ベッツィ・A.サンダース著の『サービスが伝説になる時』（ダイヤモンド社）によると、苦情が1件あれば、同様の不満を持っている人は平均26人いるという。苦情対応がいかに大切であるかがわかる。

『サービスが伝説になる時：「顧客満足」はリーダーシップで決まる』、ベッツィ・サンダース著、和田正春訳、ダイヤモンド社、1996

苦情はその対応の仕方によって、大きなトラブルに発展することもあるが、逆にリピート客になってもらえることもある。前述の本によると、苦情が解決されると56〜70％の人がその企業のファンになるという。それだけに、きちんと対応する必要がある。

■クレームが入ったら"共感"し謝罪する

クレームが入ったら、まずは相手の話に共感し、謝罪の言葉を述べること。たとえ店側に非がなくてもである。

お客様の多くは、早く問題を解決したいと思っている。それなのに論理的に「当店は悪くない！」と主張すると、お客様は感情的になってしまう。

例えば、商品の破損は宅配会社の責任であることが明らかでも、決してお客様に対し「他社の責任」だと言ってはいけない。ほかのメンバーのせいにしてもだめだ。お客様はショップと取引し、今あなたはショップを代表して話しているので、「その宅配会社と契約しているのは、あなた（のショップ）でしょう」とお客様を怒らせるだけだ。

また、謝罪するときは、その出来事だけに対して謝る。「配送の遅れ」であれば「配送時間が遅れてしまい、申し訳ございませんでした」と、謝罪の個所を明らかにする。漠然と「申し訳ございませんでした」と言ってしまうと、ショップが提供している商品やサービスのすべてについて全面謝罪しているように受け取られ、謝る必要のない部分にまで責任を追うことになってしまう。

クレーム発生から謝罪までのステップは次のとおり。

（1）お客様の話を聞く

クレームは電話で寄せられることが多い。クレームは、「言いたい」のではなく「伝えたい」からである。伝わっていることを確認し、相手の態度を確認しながら話したいのである。クレームを受ける場合は、真摯な態度でお客様の怒りをすべて聞く。決して、途中で「ですが……」

などと口を挟まない。

（2）共感し、謝罪する

お客様のクレーム内容について、謝罪する。もし、配送の遅れであれば、そのことに対して謝罪する。「お客様のお怒りはごもっとも」といった具合に、共感の姿勢を示すことも大切だ。

お客様は、クレーム内容を伝え、感情を吐き出し、相手が共感して、真摯な贖罪の言葉が聞ければ、いったん高ぶった感情も収まる。そうすると、論理的な解決方法を話し合う余地が生まれる。謝罪し、怒りが収まったら、あとは問題解決に向かって迅速に対応していく。ここでのポイントは、ショップであらかじめ定めている「クレームの着地点」にお客様を導いていくことだ。

着地点は、お客様にとって満足のいく内容ではないかもしれないが、その一方でお客様は「我を貫いてもしょうがない」という気持ちを抱いている。店側が真摯な対応をすれば、必ず承諾してくれると思い、お客様と向き合っていく。

ネットショップを運営するうえで、起こりがちなクレームとその着地点は次のとおり。

（1）「注文した商品と違う物が届いた！」

着地点…店側のミスだった場合は、「送料ショップ負担」で商品を再送する。「返品時の配送業者の手配」も店側で行い、お客様は「ただ商品を渡せば（送れば）いい状態」にしておく。また、お客様の手間賃として、ちょっとしたグッズをつけるのもいいだろう。店側の責任によるクレームとしては、このほか「商品が壊れていた」「サイズが違った」などが上げられる。

一方、お客様の注文ミスや勘違いなど、お客様の"うっかりミス"の場合は、まずその旨を伝えること。お客様が商品交換を望んだ場合は、「送料お客様負担」で商品を再送する。

（2）「注文個数が違う！」

着地点……お客様による"うっかりミス"であれば、前述の対応をする。一方、店側のミスであれば迅速に追加発送する。もちろん、キャンセルも受け付ける。

（3）「商品が届かないんだけど！」

着地点……店側のうっかりミスで発送していない場合は、お客様にその旨を伝え「キャンセル扱い」も提案しつつ、迅速な発送を行う。その際は、お詫びのグッズを付けるのもよい。ギフトなど、「その日に届かないと意味がない商品」の場合は、できればお客様を直接訪問し、お詫

びをする。

(4)「商品のイメージ（色や柄、形）が違う！」

　着地点……イメージ違いについては、その前提として「特定商取引法に関するページ」などで「イメージ違いの商品交換の場合、送料はお客様負担」といった具合に、店のルールを載せておき、そのルールに従って行動する。

(5)「気に入らないから返品したい！」

　着地点……ショップ側に非はなく、明らかにお客様の都合による返品や交換を受け付ける場合は、送料等はお客様負担で応じる。「返品不可」であるのにもかかわらず、返品を求めてきた場合は、その旨を伝え、返品を受け付けない。もし、お客様側が納得しない場合は、すぐに上司に相談し、判断を仰ぐ。

　以上、主な例を挙げてみたが、店のルールや着地点が存在しない、新しい苦情やクレームと向き合うこともあるだろう。その場合は、迅速に上司に相談することが大切だ。自分の中で「どうしよう」と悩んだり、勝手に判断したりしてはいけない。

　なお、次のページに対人コミュニケーションの技法を示したので、参考にしてほしい。

対人コミュニケーションの技法　memo

うなずきの技	・うなずくことにより、「話に聞き入っている」「自分の話を重要だと感じてくれる」と相手に思ってもらえる。 ・自分の呼吸と相手の呼吸のタイミングを合わせながら「うなずく」。
オウム返しの技	・相手が話したいことをそのまま繰り返すことにより、相手に同調する。 ・特に、聞いたことがない専門用語や固有名詞が相手から出てきたときに自分が慣れるという意味でも「オウム返し」を行う。
言い換えの技	・相手の話した内容を自分の言葉で言い換えることにより、話を理解していることを示す。 ・相手と自分の認識がずれていないかを確認するためにも、自分の言葉で「言い換えて」みる。
引用の技	・相手が以前話した言葉などを覚えておき、「引用する」ことで、「あなたの言葉を覚えています」ということをアピールする。 ・引用する際の前提として、人と話をするときは、必ずメモを取るようにする。
相手と自分の共通点を見つけ出す技	・互いに好きなものや嫌いなものを見つけ出し、接点を見出す。 ・相手との「つながり」を意識することにより、コミュニケーションの質が深まる。
相手が苦労したところに共感する技	・相手が何に力を入れているかを見極め、それを尊重することが信頼感を生み出す。 ・特に、苦労話の中に本質を突くエピソードが隠されていることが多い。

9-3 制作担当者の業務「ルーティン業務」

● 商品ページの更新

　ネットショップでも、実店舗と同様にきめ細かな商品の入れ替えやシーズンごとの模様替えが必要だ。適切な商品が配置され、適切な販促が行われていないと、お客様は購買意欲を失ってしまう。実店舗と同様に、サイトでにぎわいが感じられなければ、来店客が減り、購買数も減少してしまう。そのためさまざまなイベントの開催や新商品の発売など、ショップに動きを持たせることが重要になってくる。

　こうした商品の入れ替え作業は、制作担当者のルーティン業務として任されることが多い。商品ページを変更・修正する際には、商品データの準備をし、入荷予定を確認して、社内への周知と調整を怠ることなく進める。販促用の広告素材と内容を一致させるように商品ページの設計をすることも大切だ。制作を業務委託先に発注する場合も同様である。

　以下に、商品の入れ替えが起こる主なタイミングを紹介する。これらのタイミングを考慮し、定期的な作業スケジュールを事前に立てるとともに、不定期な業務にも対応できるように自分の時間スケジュールを計画する。

販促用の広告素材
検索連動型広告の説明文や、バナー広告素材、メールマガジンの内容などを指す。

『各種イベントの内容』

季節イベント	クリスマス・母の日・父の日・入学祝い・御中元・御歳暮・敬老の日・バレンタインデー・ホワイトデー・ハロウィンなど
商品イベント	入荷・再入荷・発売・おためし・限定商品など
自社イベント	周年記念・わけあり・ポイント還元・新店舗開店など
モールイベント	ポイント倍増・お買い物リレー・セールなど
不定期・突発	欠品・仕様変更・売り切れ・価格改定など

季節イベント
201ページ「メルマガ発行の時期とテーマ」参照。

　なお、商品の入れ替えの際には十分な社内外のコミュニケーションをはかり、情報共有ミスが無いよう留意する。定例会議を正しく運営し、普段から報告・連絡・相談（233ページ参照）を怠らない。

　商品の入れ替えは、お客様の購買に大きく影響があり検索の対象としても重要な作業となる。一度設定したら終わりでなく、仮説・実行・検証を繰り返してコンテンツの精度を上げることが大事である。

● メールマガジンの発行

■メルマガ発行の目標

　メルマガは、ネットショップが見込客や既存客に、メールで継続的なメッセージを送ることができるコミュニケーション手段である。挨拶、連絡、情報提供、販売促進、アフターフォローなど、何にでも使うことが可能で、ショップの売上げアップにつながる重要なツールだ。

　メルマガ発行には、二つの大きな目標がある。一つはショップのブランディングである。お客様がショップの存在を認識し、ショップのイメージを固め、ショップの商品やサービスを信頼することである。もう一つは、お客様にリピーターとして購買頻度を高めていただくことである。二つの目標に合わせて、それぞれのコミュニケーション方法、おもてなし方法を工夫することが大切だ。

（1）ショップのブランディング

　まず、ショップに親しみを感じていただくため、商品の紹介を前面に出すのではなく、店長（またはスタッフ）の人柄をアピールする。自己紹介や日常会話を交えながら、自分自身がどんな人間なのかを表現する。例えば年齢、性別、趣味が読者と一致すると、親近感を持ってもらうことができる。日記風な書きだしから、「今日はこんな商品をご紹介しましょう」と繋げると、自然な流れで商品を紹介することができる。

（2）購買頻度の高いリピーター化

　購買頻度を高めるためには、痒いところに手が届くコメントを目指す必要がある。お客様の購入履歴から、「そろそろ商品がなくなった頃でしょうか？」と、商品が必要になるタイミングをお知らせしたり、「新作・バージョンアップ商品はいかがでしょうか？」などと、趣味嗜好に合わせた商品をご提案したりする。

　上記二つの目標を押さえつつ、『読みやすい』『購入までの動線がスムーズ』なメルマガを設計する。

■メールマガジンの種類

　メルマガには、一般的なテキストメールで送る「テキスト形式」と写真などが文章内で確認できる「HTML形式」がある。近年は、スマートフォンやPC、さまざまなデバイスで不自由なく閲覧ができるようになったため、キャンペーンの告知や、おすすめの商品をHTMLメールで送る店舗も増えた。

HTMLメール
159ページ

　Webサイト同様、写真などにそのままリンクを設定することができるため、ユーザーに視覚的に訴求することが可能だ。

　キャンペーンなど、サイト上でどのようなサービスが提供されている

かが一目瞭然である。

■メルマガの構造

メルマガの構造は、次の表のとおりである。

件名	メルマガ名とタイトル
ヘッダー	メルマガの定型的な案内
あいさつ	慣例のあいさつと読んで欲しいトピックを掲載
目次	内容が長い場合は目次を掲載
本文	見やすい表記と読みやすい文章で主題、話題に合ったページへのリンクを掲載
フッター	配信者の情報等を掲載

■メルマガの表記で注意すること

・ひらがな、カタカナ、漢字を使い分ける。漢字は少ない方が読みやすい。
・罫線を工夫する。罫線集をもち、使用のルールを決めて活用する。
・読者に合った単語、季節に合った単語を使用する。
・記号やかっこの使用ルールを決めずに乱用すると、かえって見づらくなる。
・適切なページへリンクを張る。リンク先が不適切だと、顧客が離れる。
・ポジティブな表現を使う。
・環境依存文字は受信環境によって文字化けの可能性があるため、使用しない。
・等幅フォントを使用する。

機種依存文字
使用する機材やOSなどによって文字化けし、正しく表示されない文字を言う。代表的な機種依存文字として
・半角カナ
ｱｲｳｴｵｶｷｸｹｺ
・丸数字
①②③④⑤
・省略文字
㈱ ㏍ ℡
などがある。

■メルマガの文字数

メルマガの文字数は、800～1,000字を目安に全体を組み立てるとよい。
必要な情報を記載し、読者に負担感がない。1行は15字～20字程度で改行を入れることを推奨する。これは、スマートフォン（iOSの標準メールアプリ）の1画面で改行なく表示できる1行のおおよその文字数だ。1画面に表示できる1行の文字数はパソコンとAndroidスマートフォンの場合は35～6字程度だが、文字数が少ない方に最適化した方が無難で、かつ、パソコンユーザー、Androidユーザーにとっても、さほど読みにくいということもない。1行を15字程度で改行しながら全体を1000字程度のメルマガに組み立てると、スマートフォン（iOSの標準メールアプリ）でのスクロールの回数は5回程度にはおさまる。いずれにしろ、読みやすさを意識した簡潔な文章を心がける。

■メルマガを読んでもらうためのポイント

（1）開封してもらうためには、件名が重要

購読登録をしてもらっていても、必ず中身を読んでもらえるわけでは

ない。メルマガはまず興味を引くキャッチコピーをつける。また、バックナンバーを保存するケースを考えて、件名に発刊番号を入れたり、特集されている内容を表した、わかりやすい件名をつけることも大切だ。

（2）限定感の演出

「今だけ」あるいは「明日まで」、「あなただけ」といった限定感を出すような言葉を織り交ぜると、興味を喚起することができ、中身を読んでもらいやすくなる。いくつかの例を以下にあげる。

最大85% OFF！今週末まで！
今ならポイント10倍！キャンペーン
今話題の○○入荷しました！
売り切れの際はご容赦ください…
メルマガ会員限定のセール！
驚きのプライスでご提供！
スイーツ大好きなあなたに…
春のスイーツ大特集！

（3）配信時間や配信日も重要

配信する曜日や時間帯は、メルマガの開封率に大きな影響をあたえる。

読者がビジネスパーソンの場合、月曜の朝にまとめてメールが届いていると、緊急性の低い仕事以外のメールは削除されてしまう可能性が高い。読者が主婦の場合、家事で忙しい時間帯に届いてたまっていたメールは、読まれずに埋もれてしまう可能性が高い。

読者の生活を理解したうえで、開封されやすい曜日や時間帯を狙ってメルマガを配信する必要がある。

（4）コミュニケーションのコンセプトとしっかりしたキャラクターづくり

メルマガは、お客様への「お手紙」だと思って書く必要がある。商品の説明、特典の説明だけでは、メルマガ発行の目標に達することができない。ショップからのメッセージに親しみを感じてもらうためには、しっかりしたキャラクター作りも必要である。人間味のあるコミュニケーションをしながら、「新鮮な情報」「お得な情報」を伝える。

■メルマガ発行の時期とテーマ

メルマガ発行の成果として、売上げアップを目標にすることも忘れてはならない。ターゲット顧客の購買意欲が高まるタイミングに合わせたキャンペーンを開催して、そのテーマに合った内容でメルマガを発行す

る。また、キャンペーンに合わせた事前準備も重要である。どのような品揃えで、どのように訴求するのかを年間を通じて先に検討をしておく必要がある。下記は季節販促テーマの例である。

1月	正月・初売り・お年玉・福袋
2月	節分・バレンタイン
3月	桃の節句・卒業記念・ホワイトデー
4月	入学お祝い・花見
5月	端午の節句・母の日・ゴールデンウィーク
6月	父の日・ブライダル・ボーナス
7月	七夕・御中元
8月	夏休み・花火・お盆・帰省
9月	お月見・敬老の日
10月	運動会・ハロウィン
11月	御歳暮・ボーナス
12月	クリスマス・帰省・大晦日

■良いメルマガに仕上げるためのチェックリスト

メルマガのコンテンツを一通り書き終えたら、下記をチェックしよう。
① 件名は、一番アピールしたいことが盛り込まれているか？
② ヘッダーは定型になっているか？
③ コンテンツ（本文）が長い場合は、目次をつけているか？
④ 問い合わせ先は、メールアドレスだけではなく、電話番号も表記されているか？
⑤ 登録・解除方法は明記されているか？
⑥ 機種依存文字を使っていないか？
⑦ 文体のトーンが最初と最後で変わっていないか？
⑧ 1行は、30文字程度に収まっているか？
⑨ URLのリンクは正確か？

■送信後は効果を評価する（クリック率）

メルマガ内リンクのクリック率は、メルマガ発行の効果を計る、もっとも分かりやすい指標だ。まず、メール全体でどのくらいの会員がリンクをクリックしてくれたのかを算出する。

（クリック率）＝（クリック者数）／（読者数）

このクリック率を必要に応じて算出して、何が悪かったのか、何が良かったのかなど、仮説を検証して、改善案を策定し、発行の回数を重ねるたびに、より高い効果が得られるよう努力する。

クリック率を算出するためには、メルマガ専用のページを用意してクリックをカウントする方法や、Googleアナリティクス（GA4）のURL生成ツールを使い確認することもできる。

● X（旧Twitter）の更新

リアルタイムな「今」を伝えるXは、いまやネットショップの活動にはなくてはならない存在だ。特に「タイムセール」、「個数限定セール」など、「今すぐに」感を演出するキャンペーンに力を発揮する。

Xの更新は多ければ多いほど効果を発揮する。まずは「新製品情報」や「更新情報」「ブログ更新情報」などを投稿するワークフローを確立しよう。

ただし、Xをはじめとするソーシャルメディアは基本的には「個人のメディア」なので、「一方的な企業からの更新情報の発信」のみでネットショップへお客様を誘導することは難しい。

例えば、日に1回、更新情報以外の「スタッフの生の声」を投稿する、といったことが考えられる。このバランスが大切で、「スタッフの生の声」ばかりになると逆にネットショップ公式アカウントとしての宣伝活動が難しくなる。

なお、お客様から声をいただいたときの対応は、ほめられた場合もクレームの場合にもシンプルかつ誠実に返答すること。

クレームの場合にはX上ではなく、メールや電話など、他のメディアを利用した解決方法にやんわりと誘導したほうがよい場合もある。

また、積極的な利用法としては、自社の製品を利用しているお客様を検索し、困っている人をサポートしたり、活用のお手伝いをしている人、製品をほめていただいている人を見つけたらリツイートしたり、「ありがとうございます」とコメントを返したりすると、お客様とのより深いコミュニケーションが可能になる。

● Instagramの更新

「写真」で商品の魅力を伝えられるInstagramはネットショップとの親和性も非常に高い。雑貨やファッションなど、利用したときのイメージを伝えやすいという利点もある。投稿する写真は白抜きのいわゆる商品写真よりは、利用シーンや着用写真などの写真が好ましい。投稿に対してのURLのリンク設定はできず、アカウントに対して1つのみプロフィールからリンクを設定できる。また、Instagramに限らず、前述のXやFacebookページなどのSNS運用においては、「ハッシュタグ」を有効に活用していきたい。

URL生成ツール
Googleアナリティクス（GA4）が無料で提供しているURL生成ツールを使えば簡単にAnalytics上でメルマガからのクリック数や、売上（EC設定必要）などを確認することができる。
詳しくはGoogleアナリティクスヘルプセンターを参照。

● Facebookページの更新

Facebookページを運用している場合は、頻度を決めて定期的に更新する。こちらはページ開設初期段階ではX同様「新製品情報」「更新情報」「ブログ更新情報」などをウォールに投稿する作業がメインになるが、「いいね！」の数が増えてきたら、ウォール上でのお客様のサポート作業なども発生するだろう。このサポートの対応によって、他のお客様も「Facebookのウォールに気軽に投稿できるか」を判断する。

よって、お客様の書き込みやコメントに関してはシンプルかつ誠実に返答する。

Xに比べると長文や写真、動画が扱えるため、より商品の魅力を伝えることが可能になる。

● LINE公式アカウントの更新

個人向けのLINEに対して、ビジネスでの利用のために開始されたLINE公式アカウントもネットショップに活用できる。現在、国内月間アクティブユーザー数は9,500万人（2023年3月現在）を超えて国内最大のメッセージプラットフォームになっている。メルマガ同様の運用が可能で、サイト上でユーザーフォローを促し、効果的に活用する。

● ブログの更新

「ネットショップ公式ブログ」「スタッフ日記」「店長ブログ」といったブログを公開している場合、更新を担当するスタッフは、無計画にブログの内容を更新するのではなく「週2回」など、タイミングを決めて、作業をルーティン化する。直接売上げに影響する商品ページの更新に比べると、ブログの更新は、つい後回しにしてしまうため、ルーティン化させないと、定期的な更新が難しくなる。定期的にブログページに来訪するお客様もいるので、できればその2回の曜日も決めておく。

なかなか更新ができない場合は、「開店休業中」や「サボっている」といった負のイメージをお客様に与えかねないため、一旦ブログページを閉じたほうがよいだろう。

更新にあたっては、日頃から情報を仕入れるためのアンテナを張ったり、ブログのネタに使えそうな商品や社内でのシーンを撮影しておいたりする。動画をアップするのもよい。そのうえで「スタッフ」の人となりがわかるような表現や、可能であればスタッフの顔を出した写真を掲載すると、お客様とショップの距離が縮まる。

ただし、仮にブログのタイトルが「スタッフ日記」であってもスタッフの日常を記すことが目的ではなく、あくまでネットショップの売上げ

に貢献することが目的であることを忘れない。目的を忘れてしまっては、アクセス数を稼げたとしてもネットショップに貢献できない。

ぜひ取り上げたい投稿
・ネットショップで取り上げきれなかった商品の詳細な説明
・商品の便利な使い方
・商品に関係する業界の話
・商品の個人的な感想
・新製品情報
・仕入れ情報
・商品開発秘話
・お客様の声
・ネットショップの社会貢献
・メディア掲載の予定や掲載後の反響

やめておいたほうがよい投稿
・仕事の愚痴
・趣味の話（商品に関係した趣味の場合を除く）
・政治的な主張

● その他情報の更新

■常に最新の情報をお客様に提供する
　その他にも、ネットショップで更新すべき箇所は多い。これらを更新することでお客様に最新の情報を提供できるが、更新を怠ると、ネットショップのビジネスが「停滞している」という印象をもたれるため、作業を仕組み化してルーティン業務に取り込んでいきたい。

■「最新情報」「更新情報」の更新
　更新情報をネットショップのトップページに設置してあるケースは多い。頻繁に更新して、活気あふれるサイトであることをお客様にアピールすることが目的である。

■FAQの更新

FAQの解説
142ページ参照。

　FAQに、新たな内容を盛り込んだり、よく聞かれる内容を上位に表示したりする作業も、日々の更新作業として忘れてはならない。FAQを最適化しておくと、お客様は不明点を自分で解決することができるため、わざわざショップにメールや電話で問い合わせる必要がなくなる。大手サポートセンターでは、FAQの最適化によりメールや電話によるお問い合わせ数が半分以下になったという事例もある。

この作業を怠ると、お問い合わせが増え、通常の運営業務に支障をきたすことになるので要注意だ。

■人気ランキングの更新

人気ランキングは、興味を持ってもらいやすい、お客様の購買意欲をかき立てるコンテンツだ。人気ランキングの上位から売れていく例も少なくない。

しかし、出荷数の順番をシステムで自動処理すると、どうしても価格の安い商品が上位を占めてしまい、お勧めしたい商品が表示されにくくなる。売上げ貢献度やショップ内でのトレンドも基準にして、手動で更新することが望ましい。

人気ランキングの解説
117ページ参照。

■お客様の声の更新

お客様の声の更新作業も大切な業務だ。

しかし、待っていても集まらないので、まず、商品にアンケート用紙を同封する、ご注文者様用にメールアンケートを行うなど、お客様の声を集める施策を積極的に行う必要がある。いただいた声は、無断で掲載せず、必ずお客様に掲載許可をとる。

お客様の声の解説
143ページ参照。

● インターネットやサービスの情報収集

■最新情報を迅速に入手し、販促に活かす

世界中が競争相手となるネットショップでは、昨日まで有効だったマーケティング手法がいつまでも安泰であるとは限らない。

インターネット上から最新情報を入手し、それを迅速にネットショップの次の一手に活かす柔軟性が必要だ。情報収集は、Googleアラート、RSSリーダー、ニュースアプリ、SNSなどを利用し、自分に必要な情報のみを迅速に入手する。

● 商品写真の撮影

■撮影の流れ

　撮影に取りかかる前に全体の流れを具体的に理解し、準備物やすべきことを頭の中で整理してから実施計画を立て、その上で撮影に取りかかる必要がある。下記の図は、典型的な撮影の流れを示したものである。

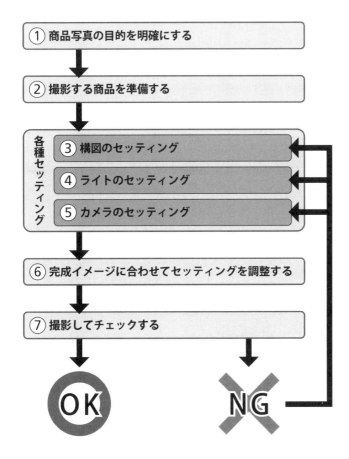

（1）商品写真の目的を明確にする

　商品の大きさや、形を正確に伝えるカタログに掲載するような写真を撮りたいのか、細部や質感など、手に取ったイメージを伝えたいのか、使用しているシーンをイメージしてもらいたいのかなど、目的を明確にした撮影プランを考える必要がある。目的に合わせて、撮影する場所や背景、商品を引き立てる小道具の必要を決定する。

　目的によって写真の撮り方は違う。次のページの写真は、典型的な目的と商品写真の例である。

形や大きさを伝えたい

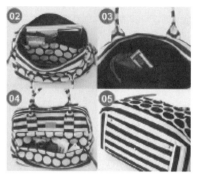

機能や使い方を伝えたい

商品写真のカラーバージョンは、下記サイトを参照。
https://acir.jp/dltext_image-html/

色や質感を伝えたい

食べるシーンをイメージさせたい

（2）撮影する商品を準備する

　商品は、ラベルの剥がれや不自然な汚れ、傷などがない、できるだけきれいなものを用意する。また、同じ機会に撮影を計画している商品は、種類、形、大きさなどで分類しておき、手順よく撮影ができるよう計画する。

　同じ分類の商品をまとめて撮影すると、商品一覧ページなどで画像を表示したときに、共通のセッティングによりサムネイル写真の統一感が出て、お客様に、整頓されたショップというイメージを持ってもらうことができる。また、セッティング共有によって作業効率が上がるため、撮影時間が大幅に短縮できる。

　このとき、商品を引き立てる小物や背景に敷く布や紙など、撮影に使うものは全て準備しておく。準備した商品はリストを作成して、撮影した商品に漏れがないかをチェックしながら撮影を行う。

（3）構図のセッティング

　撮影をする場所を決めたら、余計なものが写真に入らないようにきれいに片付けてから、背景や商品、小物などを配置する。目的や商品の形、

準備した商品リストを作成
準備した商品リストは、形や大きさ、撮影時のセッティング別に整頓して、撮影する順番に並べて置くことで、効率よく撮影でき、撮影漏れなどもなくなる。この商品リストを「撮影進行管理表」や「香盤表」と呼ぶ。

大きさに合わせてレイアウトし、プレビューモニターや、ファインダーをのぞきながら構図のセッティングをする。

● 必ず三脚を使用する

　商品撮影では必ず三脚を使用して、決まった構図が動かないようにしっかり固定する。構図を固定することで、同じような形、大きさの商品を連続で撮影できるので、商品写真を並べて見た際に、統一感のある見やすい写真を撮ることができる。

　また、三脚を使うと、光の量を補うためにシャッタースピードを遅くしても、手ぶれが起こらないという効果もある。

● レンズのズーム

　レンズには、望遠と広角のズーム設定ができるものがある。レンズは、撮影する商品までの距離に応じて設定するのではなく、望遠や広角で撮影したときに、商品の形がどのように見えるのかを知った上で、設定することが重要だ。

広角設定で撮影した場合

　広角で撮影すると、パースがきつくなり、迫力のある構図になる。また、顔を近づけて商品を見たような印象になる。ただし、商品の形は正しく表現できない。

望遠設定で撮影した場合

　望遠で撮影すると、ものの形を正確に表す構図になる。また、少し距離をおいて商品を見ている印象になる。ただし、商品とカメラとの距離を離して撮影しなければならないので、広い撮影スペースの確保が必要になる。また距離が遠い分、映像がブレやすくなる。

パース
パースペクティブ（perspective）の略で、遠近法や遠近感のことを指す。パースがきついという表現は、「遠近感が強調されている」という意味である。

（4）ライトのセッティング

　適切にライティングされていれば、自然に良い写真が撮れるようになる。ライティングは、写真の品質に大きな影響を与えることを認識し、十分に検討、工夫、準備をしてセッティングをする。

●点光源よりも面光源の方が商品撮影には向いている

点光源

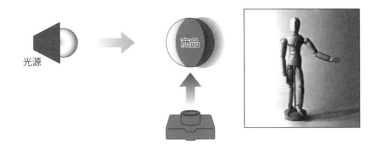

　商品に直接光を当てると影が濃くなりすぎたり、明るいところが白く飛んでしまったりする。

面光源

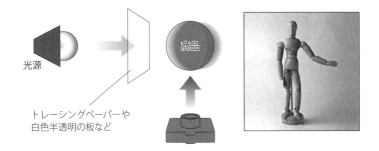

トレーシングペーパーや
白色半透明の板など

　光を一度トレーシングペーパーなどに当てることで、面光源となり、光が柔らかくなり、写真のコントラストもやわらぐ。

●レフ板を活用する

　レフ板（リフレクター）を使用して面光源を作ることもできる。レフ板は、光源の方向を変えることもできるので、ライティングには必須のツールである。

光を柔らかくする方法
光を柔らかくするトレーシングペーパーなどをディフューザーと呼ぶ。トレーシングペーパーの他に、半透明のビニール袋などで代用することも可能。ディフューザーを通した光は、曇りの日中の光に似ており、写真撮影に適している。

レフ板
白レフ、銀レフなどがある。市販品を使用する以外に、白い紙や、白い板、アルミホイルなどを使用した手づくりのものを使用することも可能。

レフ板やディフューザーを使ったライティング例

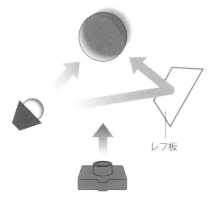

商品写真のカラーバージョンは、下記サイトを参照。
https://acir.jp/dltext_image-html/

　正面から光を当てるのではなく、少し横から光を当てることで、商品の質感を出すことができる。このとき、影ができる側にレフ板を置いて強い影を消す。

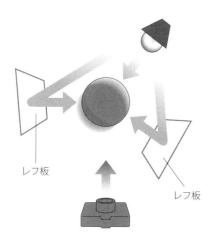

　食品の撮影では、逆光にすることで食べものの輪郭をはっきりとさせ、透明感やしずる感を出すことができる。このため、逆光での撮影が行われることがある。この場合は手前にレフ板を置き、商品の前面に柔らかい光を当てる。

しずる感
「シズル（sizzle）」という英語は、肉がジュージューと焼けて肉汁がしたたり落ちているような状態を表し、「しずる感」は見る人の食欲をそそるような状態の表現として使われている。

（5）カメラのセッティング

　構図とライティングがある程度固まったら、カメラの設定をする。
　データの大きさは、あとで加工することを考えるなら、できるだけ高画質でサイズの大きい設定にしておく。

　カメラのセッティングとは、主に光量の調整をするための設定と、正しい色表現をするための設定を指す。光量の調整では、ISO、シャッター

スピード、絞りの設定を行い、色の調整では、ホワイトバランスの設定
を行う。

・ISO

　ISOとは、光の感度を表す数字である。数字が大きいほど光を感じや
すくなるので、写真は明るくなる。しかし、感度が高くなると、暗いと
ころでも明るく撮れるかわりに、画像の密度が粗くなったり、高感度ノ
イズが入ったりすることがある。

・シャッタースピードと絞り

　シャッタースピードと絞りはカメラの設定を決める上でもっとも重要
な設定になるため、それぞれの関係性をしっかり理解する必要がある。

（シャッタースピード）

S＝1／15（速い）　　　　　S＝1／4（遅い）

S＝1／300（速い）　　　　　S＝1／30（遅い）

　シャッタースピードは、遅いほど光を多く取り入れることができる。
よって、同じ絞りならシャッタースピードの遅い写真は明るくなる。し
かし、動いているものはブレてしまうので、流れる水のようなものを
撮影したい場合はシャッタースピードを速くする必要がある。

絞り
絞りは、露出とも言い、カメラ
の設置ではF値と呼ばれている。
（F＝2.8等）レンズの性能によっ
て、カメラ側で設定できる値が
異なるため、使用するレンズは
カメラの設定をする前に決定し
ておく。

商品写真のカラーバージョンは、
下記サイトを参照。
https://acir.jp/dltext_image-html/

（絞り（露出））

F＝16（絞る）　　　　　　　　　　　F＝1.8（開く）
被写界深度＝深い　　　　　　　　　　被写界深度＝浅い

絞りは、空ける（開く）と多く光を取り入れて同じシャッタースピードなら写真が明るくなるが、ピントの合う範囲は狭くなる（被写界深度が浅くなる）。イメージ写真や、特に強調したい箇所がある撮影では、被写界深度の浅さを活用するが、全体をしっかり見せなければならない写真では、絞って撮影することになる。

・ホワイトバランスの設定
光には、色温度というものがある。色温度によって、写真の色味が青く見えたり、赤く見えたりする。

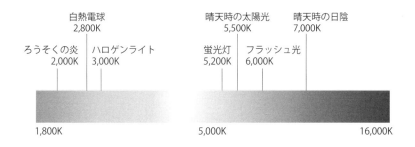

ろうそくの炎　　　白熱電球　　　　　　　晴天時の太陽光　晴天時の日陰
2,000K　　　　　2,800K　　　　　　　5,500K　　　　7,000K
　　　　ハロゲンライト　　　　蛍光灯　　フラッシュ光
　　　　3,000K　　　　　　　5,200K　　6,000K

1,800K　　　　　　　　　　　5,000K　　　　　　　　　　16,000K

デジタルカメラには、光源の色温度に合わせて正しい色の写真が撮れるようにするため、ホワイトバランスという機能がついている。

被写界深度
被写体（商品）にピントを合わせたとき、ピントがもっとも合っているポイントの前後にも、ある程度の幅でピントが合っているように見える範囲が存在する。この範囲のことを被写界深度と言う。
露出を絞ることで、ピントの合って見える範囲が多くなるのは、ピンホール効果によるもので、広い範囲にピントを合わせたいときには露出を絞ることで対応する。

色が正しくない写真　　　　　　　　正しく設定した写真

商品写真のカラーバージョンは、
下記サイトを参照。
https://acir.jp/dltext_image-html/

商品の色を正しく再現するため、ホワイトバランスを調整する。

（6）完成イメージに合わせて、セッティングを調整する

すべてのセッティングが一通り終わったら、最終的にプレビューモニターや、ファインダーを見ながら、すべての項目の微調整をする。光や影がイメージどおりになっているか、構図に余計なものが入り込んでいないか、洋服やファッション小物などでは形が崩れていないか、美しく見える形になっているか、ラベルなど、写したいものが隠れてしまっていないか、商品に余計なものが映り込んでしまっていないかなど、細かいところまでよく観察して、調整をする。

映り込みの調整
ガラスや艶のある商品を撮影するときには、カメラや周りにあるものが映りこんでしまうことがある。そのときは、よく観察して何が映っているのかを特定し、映り込んでいるものを隠したり、黒い布や板などで遮ったりすることで映り込みを消す。

（7）撮影してチェックする

デジタルカメラの大きな特長として、撮った写真をすぐにプレビューで見られるという点が挙げられる。撮った写真はその場でチェックして、イメージどおりでなければ、何が問題になっているのかを探してセッティングを修正し、再度撮影を行う。

【イメージ違いの例と原因、その対策】

・写真が暗い、光が足りない

絞りや、シャッタースピードは適切だったかをチェックする。動きのないものの場合は、絞りの値は変更せずに、シャッタースピードを遅くして対応するのがよい。その場合、手ぶれを起こしやすくなるので、しっかりと三脚に固定することが重要だ。

どうしても光が足りない場合は、ISOを上げる前に、照明の光量を増やせないかを検討する。

・影が濃い、影が気になる

照明のセッティング位置に問題があることが多いため、照明の位置を変更する。どうしても気になる影が残る場合は、逆からもう一つの照明を当てたり、レフ板などを使って光を反射させたりしてみる。

・色がおかしい

ホワイトバランスの設定が適正でなかったと考えられる。ホワイトバランスは、照明の環境が決まってから設定を行い、撮影中に照

明の種類などを変えないようにする。

・商品の見え方、形がおかしい

　ズーム操作と、カメラと商品の距離に原因があると考えられる。形がおかしい場合は、できるだけ望遠のセッティングで商品からカメラを離した位置にセッティングし直す。

　よくある失敗と原因、その対策がわかっていれば、必ず撮影結果は改善され、良い写真が撮れるようになる。最初の撮影で満足のいく撮影結果を得られなかったときは、何をどのように修正したら良い写真が撮れるようになったのかを記録しておく。この記録を整理して共有することで、その後の撮影効率を高められる。

● スマートフォンを利用した商品撮影

　スマートフォンのカメラ性能も年々向上しているため、商品撮影に利用することも可能だ。しかし、一眼レフカメラなどと比較すると限界もあるため、できれば機材は良いものを利用したい。

（1）最新機種を使う

　毎年スマートフォンは最新機種が発売される。カメラ性能も比例して性能が向上しているため、できる限り最新機種を使う。

（2）三脚を使う

　スマートフォン用の三脚も多数発売されている。手持ちではブレるため、三脚を利用して撮影する。

（3）外付けレンズを使う

　スマートフォンに付いている内蔵カメラを拡張できる外付けのレンズも色々と販売されている。撮影する被写体によって変更する。

（4）セミナーに参加する

　メルカリ、minneなどのC2Cプラットフォームの出品者を対象とした、スマートフォンを利用した撮影講座などが行われている。このような実際のセミナーや講習に参加するのも手段の一つだ。

プロモーション担当者の業務

● プロモーションとは

■プロモーションの目的

プロモーションとは、顧客に製品やサービスについて興味を持ってもらい、ひいては購買につなげるための一連の活動をさす。よって、プロモーションの目的は、①顧客に、製品やサービスに対する興味を喚起すること、②製品やサービスの購買につなげることの2点である。

■プロモーションの手段

ネットショップにおけるプロモーションは、大きくは3種類に分けられる。

一つは、パソコンや携帯電話、スマートフォン等に露出するインターネットメディアを利用したもの。

もう一つは、新聞、雑誌、チラシ等の紙媒体・テレビやラジオ等の電波媒体等のリアルメディアを利用したもの。

そして、リアルイベントを利用したプロモーションである。

また近年は、これらのうち複数を組み合わせたプロモーションも盛んに行われるようになった。

- インターネットメディア
  - パソコン
  - 携帯電話
  - スマートフォン
  - メールマガジン
  - 広告
- リアルメディア
  - 紙媒体
    - 新聞
    - 雑誌
    - チラシ
  - 電波媒体
    - テレビ
    - ラジオ
- リアルイベント
  - オープン
    - 新製品発表会
    - 展示会
    - 見本市
    - デモンストレーション
    - セミナー
  - クローズ
    - コンテスト
    - シンポジウム
    - トークショー
    - 優待セール

■プロモーション戦略の決定

プロモーション戦略は、製品やサービスのターゲットに合わせて決定する必要がある。ターゲットの年齢、性別、生活様式を事前によく調査したうえで、どのプロモーションをどのような手段で実行するかを決定する。

9章
運用
ネットショップの

■プロモーションの評価と改善

　パソコン、スマートフォンを通じたインターネットメディアによるプロモーションを行う場合、短期間で効果測定ができるというメリットがある。反省点があれば改善し、次のプロモーションに活かす。

● アクセス解析

■アクセス解析とは

　商品の満足度やショップのサービスに対する評価であれば、購入時のお客様アンケートで把握することができるが、アンケートだけではお客様の消費行動を正しくつかむことができない。

　チェーンストアなどの実店舗では、さまざまな方法でお客様の行動調査をしている。自宅からショップへの移動手段や経路、店舗内の動線、商品の陳列場所、照明、陳列スペースの演出などのあらゆる工夫は、お客様の行動と売上げの因果関係を考察して計画・実行・改善されている。しかし、実店舗の場合はよほど注意をして観察しないと、お客様の行動が正確にはつかめない。見落としてしまう行動パターンが多いのも事実だ。

　一方でネットショップの場合は、デジタル空間をお客様が移動するため、電子的な記録（ログ）として行動の跡が残っている。このデータをアクセスログという。このアクセスログから、お客様の行動と心理を読み解くことがアクセス解析である。

　アクセス解析を行うには「アクセス解析ツール」を利用する。代表的なアクセス解析ツールには、Googleアナリティクス（GA4）がある。ショッピングモールでは独自のアクセス解析ツールが提供されており、独自ドメイン店舗構築サービスにおいても、同様のツールが提供されていることがある。

　アクセス解析ツールでは多くのデータを確認することができるが、ネットショップを改善するために確認したい主な項目として、以下のものがある。

（1）訪問者数、ユニークユーザー数、ページビュー数、その他のユーザー情報

　訪問者数は、ショップのサイトへアクセスした1人のユーザーが1度訪れるたびにカウントする。訪問したユーザー数のみをカウントしたものを「ユニークユーザー数」という。2人のユーザーが2回ずつ訪れた場合、訪問者数は4、ユニークユーザー数は2となる。ページビュー数は、サイト内のページが表示された回数である。

　その他のユーザー情報としては、新規ユーザー数とリピーター数やユーザーの環境（Win、Mac、iOS、Android）や環境ごとの商品購入状況等がわかる。

その他の分析手法
・ヒートマップツール
・ユーザーテスト
（第4章アクセス解析ツールおよび広告効果測定ツールも参照）

Googleアナリティクス（GA4）
Googleが提供する、無料のアクセス解析ツール

ショッピングモールと独自ドメイン店舗構築サービスのアクセス解析ツール
通常、各社独自のアクセス解析ツールが提供されている。基本機能が無料で利用できるケースや、有料プランでオプション機能が利用できるケースが多い。
https://shop-pro.jp/func/acc_plus/

注意
ここでは、無償のGoogleアナリティクス（GA4）を例に挙げて紹介している。項目の名称等は、各ツールによって異なることがある。

（2）来訪者経路（参照元、メディア）

ユーザーの来店経路を確認できる。来訪元としては、純粋な検索、検索連動型広告、ショップへのリンクを設置しているサイト、記事、メールマガジン、SNSなどが挙げられる。来訪経路ごとの購入状況やサイト内リンクのクリック状況も把握することが可能だ。

（3）検索キーワード

ネットショップにおいて、Google、Yahoo! JAPANなどの検索エンジンからの集客は、依然として重要な顧客獲得ルートである。ユーザーがどのようなキーワードで検索してきたか、またどのようなキーワードが売上げにつながっているかを確認し、それらのキーワードに適したページ制作、コンテンツの拡充を行う。ただしパソコンとサーバー間のデータのやり取りを暗号化し、第三者によるデータの盗み見や、改ざんを防ぐことができるSSL化によってGoogle、Yahoo! JAPANなどの検索エンジンのアクセス解析でも検索キーワードが拾いづらくなっている。検索キーワードを拾うには、GoogleのSearch Consoleという検索アナリティクス機能を用いて検索流入キーワードの把握や、リスティング広告などのWeb広告を導入し確認することが多くなっている。

SSL
79, 105ページ参照。

（4）直帰率

「直帰率」とは、アクセスした1ページだけ見て帰った人の割合のことである。広告や記事を見て興味を持ったユーザーが、ショップのサイトに来訪して最初に見たページ（ランディングページ）が意図と違っていると、「戻る」ボタンを押して直帰してしまうことが多い。直帰率は、極力低く抑えられるように広告素材やページのコンテンツを改善する必要がある。

（5）離脱率

「離脱率」とは、そのページからWebサイトを外れて外部サイトへ移動したり、ウインドウを閉じたりした人の割合のことである。どのページで興味を失ってしまったのかを把握することで、ユーザーの動線を改善するヒントが得られる。

注文情報を入力するページや購入代金の決済ページでの離脱率が高い場合、顧客獲得機会を損失していることが考えられるため、入力項目や入力形式などの改善が必要である。

（6）アクセス日時

お客様がショップにアクセスした日時を確認する。ネットショップの運営においてもっとも売上が上がる月や曜日、もっともアクセスの多い時間帯のデータは、店舗で扱っている商品やターゲットとなる顧客層によって大きく異なる場合がある。アクセスログのデータからもっともア

クセスの多い日時を確認するとともに、もっとも注文数の多い日時を確認することで、広告の出稿やメールマガジンの配信などを効率的に行えるようになる。

（7）コンテンツの閲覧状況

　ページやディレクトリごとに期間を指定してアクセス状況を確認することができる。販促企画を実施した際に、意図したページのアクセス数が予想どおりに増えているかを確認したり、そのページを閲覧した後に、どのページへ移っていったかを確認したりできる。

（8）その他アクセス解析でわかる情報

　その他、アクセス解析では、以下のような情報を確認することができる。頻繁に確認する必要はないが、ショップに訪れるお客様の状況を確認するために機能を知っておきたい。

- ・滞在時間
- ・来訪頻度
- ・購入までの日数
- ・使用ブラウザ種別
- ・利用地域

■アクセス解析から販促活動やサイトを改善する

（1）目標の設定

　アクセス解析をもとにした改善で最初に行うことは「目標の設定」である。ネットショップの場合、「注文完了」が最終目標だが、資料請求やメールマガジン登録などを目標とすることもある。

　この目標に到達させ、さらに高い目標に向かうべくアクセス状況を把握し、販促企画や広告、サイトを改善していく。

（2）KPIの設定

　「KPI」とはKey Performance Indicatorの略で、「具体的な施策＋目標設定」であり、改善のカギとなる指標のことを言う。目標を「注文完了」とした場合に、購入までの経路が広告→ランディングページ（特集ページなど）→商品ページ→注文フォーム→注文完了だとすると、注文完了数の最大化と広告費の最小化を目指すこととなる。

　この場合のKPIは、

- ・来訪ユーザーあたりの広告単価（広告費、インプレッション数、クリック率）
- ・直帰率またはランディングページの離脱率
- ・商品ページへのリンクのクリック率
- ・商品ページの離脱率
- ・注文ボタンのクリック率

ディレクトリ
ディレクトリとはサイト内で使用するデータの、サーバー内での保管場所を指し、パソコン内では「フォルダ」の概念と同じである。パソコン内に保存するデータを、どのようなフォルダ構造で分類したら、後から探しやすいかといったことと同じことである。

・注文フォームの離脱率

・注文数

　といった数値が挙げられる。

　それぞれの数値を把握し、それぞれの数値ごとに改善案を検討し、実行と検証をくり返すことが重要だ。

（3）期間ごとの数値の確認

　アクセス解析を行ううえで、最初の一定期間はショップにおける標準的な数値を把握することも必要である。月平均、週平均、日平均のアクセス数、顧客獲得率を確認する。取扱商品やターゲットとなる顧客層などから、業界の標準的な数値を知ることも役に立つ。このような情報は、店長たちが集まる勉強会や交流会で入手するほか、ネットショップ支援事業者から情報を得ることも可能だ。その際、後述する「実施したイベントの記録」も同時に行っておく。

　ショップの基準となる標準的な数値、ピークの曜日や時間帯を確認することで、販促企画を行うのに適した曜日、時間帯の確認、販促企画を行った際の効果測定を効率的に行えるようになる。

（4）実施したイベントの記録

　ネットショップでは売上げを伸ばすためのイベントを行ったり、メルマガの配信を行ったりといったさまざまな販促活動を行う。また、新聞や雑誌などでショップのことを記事として掲載してもらうこともある。ショップで扱っている商品が、テレビに取り上げられることもある。

　アクセス解析ツールでは、ユーザーのサイト内での行動をログとして記録することはできるが、この原因となったショップの行為（販促活動やサイトの変更など）や世間で起こったことは、記録しておくことができない。一方で、サイト改善や販促企画改善のためには「何をしたら、どうなったか」という行為と成果の因果関係を把握することが重要である。よって、ショップで販促企画を実施したときや、記事掲載などのメディア露出があったとき、サイトを改善したときなどには、その情報の記録をしておく必要がある。

　例えば、ネットショップの運営において、突如1日だけアクセス数が伸びていることがある。このアクセス数の急増が自店舗の販促企画によるものか、他のメディアによるものか、きちんと把握しておかなければ適切な打ち手を考えることができない。

● 販促企画

　ネットショップにおける販売促進企画は、1年間の予定をつくり、着実に実行してゆく。販促企画の検討から実施までの流れは以下のとおりである。

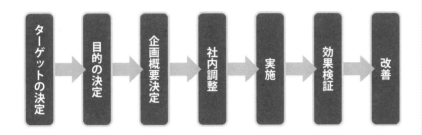

■ターゲットの決定

ターゲティング
86ページ参照。

　販促企画は、ターゲットにあった方法で行わなければ効果は見込めない。新規客に向けての企画なのか、既存客に向けての企画なのか、また年代や性別、属性を絞ることで、費用対効果の高い販促企画となる。

■目的の決定

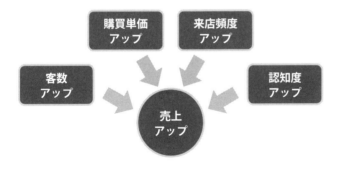

　販促企画は、目的に合わせて企画を組むようにする。下記に例をいくつか挙げてみよう。

目的	企画名称	企画内容
客数アップ	友達紹介	お友達紹介で割引券プレゼント
	コラボ企画	ワインショップとチーズショップの共同企画
購買単価アップ	同梱限定企画	同梱でしか買えない魅力的な商品
来店頻度アップ	誕生日企画	誕生月のみ割引
	送料無料	キャンペーン期間中、送料無料
認知度アップ	他店に同梱	他店の商品に、お試しパックを同梱してもらう

■企画概要の決定

ターゲットと目的が決まったら、次は企画概要を決定する。

企画概要の決定とは、「テーマ」と「活用ツール」を決めることである。

テーマとして代表的なものは季節販促である。（201ページ「メルマガ発行の時期とテーマ」参照）

そのほか、季節とは無関係のテーマ例を紹介する。

オープン記念、一周年記念	ショップの記念日に行う企画
優勝セール、オリンピック企画	世間の話題に合わせて行う企画
わけありセール、在庫処分	商品の状態に合わせて行う企画

ツールには以下のようなものがある。複数のツールの組み合わせも検討する。

メールマガジン	メールマガジンで企画を告知し参加へ誘導する。
プレスリリース	マスメディアにむけて販促企画を告知する。
ソーシャルメディア	X、Instagram などで販促企画を告知する。
アフィリエイト	アフィリエイターを通じて販促企画を告知する。
リスティング広告	リスティング広告で販促企画を告知する。
バナー広告	バナー広告で販促企画を告知する。
メール広告	メール広告で販促企画を告知する。
ディスプレイ広告	ディスプレイ広告で販促企画を告知する。
SNS 広告	X、Instagram 広告で告知する。

企画の詳細は、ツールから誘導された訪問者が最初にみるランディングページに掲載する。ランディングページに必要な要素をいくつか紹介する。

・ツールを経由した訪問者の意図に合う見出しとメイン画像
・テーマに合ったキャッチコピー、説明文、画像

参考
プロモーションの詳細は第8章参照。

・このページで喚起すべき訪問者に期待する唯一の行動
・行動を後押しするためのコンテンツ（お客様の声、信頼の証明、補償
　制度など）

■社内調整

　ターゲット、目的、企画概要が決まったら、次に、実際に実施できる
ようにするための社内調整を行う。販促企画は、企画担当部門だけでは
行うことはできない。全社で企画を共有し相互理解のもと、遂行する必
要がある。

■実施、効果検証、改善

　実施にあたっては、それぞれの担当者が計画どおりに担当業務を実施
するように、プロモーション担当者が実行の指揮を執る。その際、事前
に想定したターゲット顧客が目的どおりの行動をとっているかどうか、
企画の効果を検証しながら進める。

　企画終了後には、収集したデータと実施前に想定していたデータとを
比較し、課題を把握する。課題を分析し、それぞれの原因を検討し、改
善案を策定する。策定した改善案は次回の販促企画に盛り込んでいく。

マネジメント担当者の業務

● マネジメント担当者の役割とは

　マネジメント担当者の役割は、組織を正常な活動に導くことと、組織メンバー個々人のモチベーションを保つようにすることの2点である。

　マネジメント担当者は常日頃からこの2点に留意し、課題を発見できる仕組みをつくっておく。発見された課題は即座に分析し、対策を検討する。課題分析や対策検討は、マネジメント担当者だけではなく、他の組織メンバーの知恵も集めるようにする。対策の実施後には、本当に解決できたかどうかを精査し、できていない場合には課題分析〜対策検討〜対策の実施のサイクルをくり返す。

【マネジメント担当者の業務サイクル】

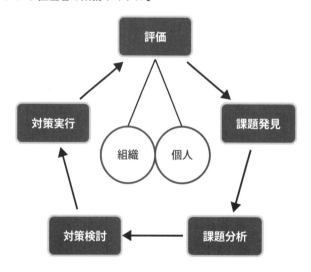

● 代金の回収

　ネットショップを運営していると商品代金の回収が重要となる。クレジットカード決済や代金引換はあまり問題ないが、商品代金の後払い（銀行振込・郵便振替・コンビニ決済）を導入しているネットショップでは、「商品代金の未払い」に対する対策をあらかじめ立てておく必要がある。お金が絡む問題だけに、この対応はマネジメント担当者が行うケースが多い。

　まず、大前提として後払いに対しては「商品発送後○日以内に入金」

という支払い期限を「特定商取引法に関する表示」等に正確かつ見やすく、また、目立つように載せる。そのほか、商品発送メールでも伝え、金額や支払期限をわかりやすく明記し、伝わっていない状況を避ける努力が重要だ。こうした取り組みができていなければ、未払い催促をしたときの回収が難しくなる。

　支払いの期限が過ぎても、お客様からの入金が確認できない場合は、以下のステップを踏んで催促していく。

■未払いのお客様に代金を催促する手順

（1）「入金はお済みでしょうか？」とメール送信

　まずはメールでやんわりと催促をする。「確認をする」というトーンでコミュニケーションをする。未払い理由の多くは「うっかり忘れていた」、「メールを見ていなかった」というものである。

　メール文面には「○月○日までに入金」と期日をはっきり指定しておく。また、メール送信と入れ違いで、入金があるケースもある。よって、「入れ違い入金のお詫び」の文面も入れておく必要がある。

（2）「いまだ入金が確認できないのですが」と電話をかける

　催促メールを送ったにもかかわらず、返事も入金もない場合は、電話をする。相手が本当にうっかり忘れていたのであれば、具体的に期日指定し、支払いをお願いする。電話の会話から「意図的な雰囲気」を感じても、この段階では、あまり強い態度を取らず、丁寧に話しかける。

（3）「入金がなければ『内容証明郵便』を送る」と電話する

　一度電話をしたにもかかわらず入金がない場合は、「意図的」と判断してよい。相手は店側の反応を見ているので、「法的な手段をとる可能性がありますよ。」と、強い態度で臨む。あわせて「○月○日までに入金がなければ『内容証明郵便』を送る」ことを伝える。多くの場合、ここで入金がある。

（4）内容証明郵便を送る

　内容証明郵便は、郵便局が「①郵便を相手に届けた事実」と「②郵便の内容を証明してくれる」ものである。いざ裁判というときには、証拠になるため、相手に心理的な圧迫感を与える効果もある。それでも入金をしない場合、債権額（未収金額）が少なければ今回は諦め、その相手とは一切取引をしない方針にするのが現実的である。

　内容証明郵便は、インターネットを通じて申し込むこともできる。

（5）あまりに悪質ならば少額訴訟制度を使う

　あまりに悪質なケースの場合は、少額訴訟制度を利用する。本格的な裁判は何回も審理を重ねることになる等、ネットショップ側にもかなり

負担がかかってくるが、少額訴訟制度を利用すれば、1回の審理で即日判決を言い渡されるため利用価値は高い。60万円以下の債権金額であれば利用できる。

弁護士も必要なく、訴訟にかかる費用も、訴状に貼る印紙代（手数料）と裁判所が書類の送付に使用する切手代だけのため、合計数千円程度で済む。

（6）判決が出ても支払わない場合―差押え

判決が出ても、判決通り支払わない者はいる。そのような相手方の場合、差押え（強制執行）という方法を取ることが考えられる。

差押えをするためには、①判決正本を準備したうえで、②裁判所に対し執行文を付与するよう求め、かつ③判決が相手方に送達されたことの証明書（送達証明書）も求めたうえで、差押え手続を申し立てることになる。

差し押さえの対象として最も簡便なのは銀行預金である。ただし、差押え相手の取引銀行及び取引支店を把握しておく必要がある。

裁判所が差押え決定を出したら、その銀行に連絡して、取立を行うことで、債権を回収することになる。

代金の回収は手間がかかり効率が非常に悪いため、未入金を軽減する仕組み作りが重要である。未収金が発生するのは後払いのケースなので、特典を用意して後払い以外の決済方法を選ぶように働きかける。特典としては、代金引換手数料や先払い手数料を店側負担にする等の方法が挙げられる。

後払いによるお客様の安心感を確保しつつ代金回収の手間を軽減するために、回収手数料を支払ってもよいと考え、代金回収サービス会社を活用するショップもある。ネットショップにはサービス会社から確実に代金が支払われ、サービス会社はネットショップの代わりに、購入者から後払いで商品代金を回収する。回収リスクはサービス会社が負うというサービスだ。代表的なものにネットプロテクションの「NP後払い」サービスがある。

● 業務の仕組み化

マネジメント担当者は、売上げを上げる販促業務だけではなく店全体のレベルアップを推し進め、組織として発展させていく必要がある。そのための重要な役割の一つとして「業務品質の標準化」を徹底させ、業務を仕組み化することが挙げられる。しかし、マネジメント担当者がマンツーマンでスタッフを指導していくことは時間的にも難しい。

そこで実行したいのが「マニュアル」の作成だ。具体的には「ホームページの作成・更新」「注文対応」「問い合わせ対応」「梱包方法」「検品方法」「発送方法」の6つの項目について作っておくとよい。それぞれ

のシーンを実際にシミュレーションしていき、その一つひとつをマニュアル化し業務を仕組み化していく。

作成する場合は「営業時間・休日」といったことから「梱包の際のダンボールテープの長さ」「商品の検品方法」「電話でお問い合わせ時の第一声」など、細部に渡ってマニュアルに落とし込むことが大切だ。

マニュアルを活用することで、スタッフは自然に「店の取り決め」を習得することができる。またスタッフ全員がネットショップを運営するうえでの"共通認識"となり、自分流を排除でき、スタッフが誰でも同じサービスを提供できるメリットもある。

先輩のスタッフに新人教育を任せる場合も、このマニュアルをテキストのように使って教育をさせるとよい。

また、最新情報の共有も重要な要素となるので、共有方法もマニュアルに記載する。

● 人材の育成

スタッフの人材育成もマネジメント担当者に課せられた大切な役割である。目標設定、評価方法の同意、コミュニケーション（ほめる、しかる）、成長機会の提供（教材、セミナー、直接指導）などを実践し、スタッフのモチベーションを維持しながら成長を促していく。

● 自己の成長

マネジメント担当者自身もスキルアップに励むことを忘れてはならない。そのための方法の一つとして、勉強会への参加がある。勉強会としては、例えば、ネットショップの売上げアップ講座は各地で多数開催されている。集客のノウハウや商品写真の撮影方法など、その内容は多種多様だ。時間の許す限り参加し、自店の運営に活かしていくべきだ。これらの勉強会は、自治体や業界団体、ショッピングモールが開催するケースが多い。

さらに、ネットショップの運営者がお互いに声を掛け合い、一堂に会する"交流会"も各地で行われている。「同じモールで運営」「同じショップ構築ツールを使って運営」「地域が近い」など、何らかの接点を持つショップ同士が集まることが多い。実際に運営する店長の生の声が聞けるだけに、ぜひ参加して欲しい。

● リスク管理

ネットショップを運営するうえでは、さまざまなリスクと関わっていくことになる。それらのリスクに対する対策は怠ってはいけない。

リスクは、商品の品質リスクや在庫リスク、運営オペレーションのリ

スク、資金回収のリスクもあるが、特に顧客情報の漏えいリスクはセキュリティ管理が重要だ。万一、顧客情報が流出してしまったら、ショップの信用はなくなり、賠償などのリスクもある。最悪の場合はショップ運営を続けることができなくなってしまう。こうし

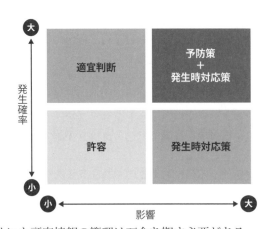

た事態を事前に防ぐためにも顧客情報の管理は万全を期す必要がある。

　一般的にリスクは「発生確率」の大小、「受ける影響」の大小により、4つに分類できる。その分類に応じて、メリハリをつけた対策を講じることが大切だ。

（例）パソコンがウイルスに感染するリスクについて

リスク判断：何もしなければ確率は高く、かつ影響は大きい。
　　　　　　よって、予防策＋発生時対応策を事前に準備。

予防策（事前のリスク軽減策）：アンチウイルスソフトウェアの導入、
　　　　　　　　　　　　　損害保険への加入など。

発生時の対策

STEP1　感染したパソコンをネットワークから切り離す。

STEP2　アンチウイルスソフトウェアで修復。

STEP3　顧客に感染の旨を伝え、ウイルスチェックのお願いをする。

STEP4　問い合わせ窓口の設置

10章

社会人としての
基礎知識

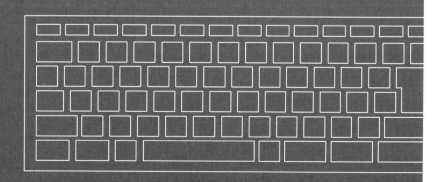

10-1 | 仕事の進め方

● 仕事を進めるために必須の２つの能力

　企業は、社会に貢献するために人が共同で事業を行い、利益を出し続けることを目的とした組織である。組織では、効率よく目的を達するために機能を分けて、組織内のメンバーが役割を分担することによって、効率を上げつつ成果を追求している。よって、企業で働く一人ひとりが、与えられた役割を果たすことが求められる。

　一人ひとりが役割を果たすためには、自己をマネジメントするための「時間マネジメント能力」と、他のメンバーと連携するための「コミュニケーション能力」が欠かせない。ここでは、「時間マネジメント」と、コミュニケーションの中でも基本の「指示の受け方」および「ホウレンソウ（報連相）」を解説する。

● 時間マネジメント

　自分の役割を果たすとは、決められた「期限」までに、求められる「アウトプット（成果）」を出すことである。よって、自分の時間をマネジメントする能力が必要となる。自分の時間をマネジメントするステップは以下のとおりである。
　（1）アウトプットを明確にする。
　（2）タスクを書き出す。
　（3）優先順位を決める。
　（4）時間を割り当てる。
　（5）タスクを実行して自己評価をする。

（1）アウトプットを明確にする

　どのような「物」を作るのか、あるいは、どのような「状態」を生み出すのかなど、何をもって仕事が完了したと言えるかを明確にする。

〈POINT〉

- ・仕事の全容を把握する。
「5W3H」を確認し、目的を認識する。
- ・誰が見てもわかるように数値化、言語化する。
「SMARTゴール」を活用し、アウトプットのレベルを明確にする。
- ・自己評価のときに結果を評価できることを意識する。
〈例〉「会議室の予約を取る」業務の場合

5W3H
WHAT：何を（目的・目標）
WHEN：いつ（期限・約束の時間）
WHERE：どこで、どこへ（場所、行き先）
WHO：誰が、誰と（担当、分担、顧客）
WHY：なぜ（理由、背景）
HOW：どのように（方法、手段、仕上げ方）
HOW MUCH：いくら（費用）
HOW MANY：いくつ（数量）

SMARTゴール
（目標設定する際のポイント）
S：Specific：具体的に
M：Measurable：計測可能な
A：Achievable：達成可能な
R：Related：上位目標に関連した
T：Time-bound：時間制約がある

目的は？／参加者は誰？／参加人数は？／開催日時は？
／場所は？／設備は？／いつまでに？　などを確認する。
その上で、どんな会議室を予約したらいいかを判断する。

（2）タスクを書き出す

　いきなり、業務を始めるのではなく、「タスクリスト」を作成する。
「タスクリスト」とは、自分のやるべきタスク（作業）の一覧である。

〈POINT〉

・作業を思いつく限りリストアップする。
　必ず文字にする。（可視化する）
　細かいことでも、すべて書き出す。
・「時系列」または「構造（材料・機能）」でまとめる。
・漏れがないかをチェックし、すべて洗い出す。
・ダブリがないかをチェックし、整頓する。

ミーティング準備作業の構造でまとめる（例）

より具体的に

```
ミーティング ─┬─ 前提事項の ──┬─ 議題の設定
の準備        │   確認        └─ 参加者の決定
             ├─ 事前配布資料 ──┬─ 要約資料の作成
             │   の作成       └─ 参考資料の作成     モレなく、詳細化
             ├─ 関係者への ──┬─ 参加者へメール      されていること
             │   通知       └─ 社内掲示板に掲載
             └─ 会場の ────┬─ 会議室予約
                 セットアップ └─ 必要機材の調達
```

（3）優先順位を決める

　人間は複数のタスクを同時に処理することは難しい。よって、優先順
位を決めてスケジュール化する必要がある。優先順位を決める際は、タ
スクの重要度と緊急度から判断する。

〈POINT〉

・重要度が高い業務を優先させる。
・緊急度が高くても、重要度が低い業務がある。
・重要度が低い業務でも、約束した期日は守る。状況によっては期日や
　計画を変更することもある。
・重要度と緊急度を決める際は自分で考えた後、上司に確認し認識を一
　致させる。

優先順位のマトリクス

（4）時間を割り当てる

　タスクごとに必要な時間を見積もり、タスク実施の手順を考えてスケジュールに落とし込む。

〈計画の単位〉

・年間／月間／週間／１日／その他プロジェクト

〈POINT〉

> ・タスクごとに時間を見積もる。
> ・優先順位を踏まえて、スケジュールに落とし込む。
> ・アポイントやミーティングだけでなく、全てのタスクをスケジュールに落とし込む。
> ・詰め込み過ぎず、余裕を持ったスケジュールを立てる。

優先順位のマトリクス（例）

スケジュール（例）

時間帯	＊月＊日（＊）
	作業内容
9:00-10:00	定例ミーティング
10:00-11:00	↕ 請求書発行／＊＊社へ電話
11:00-12:00	↕ ミーティングまとめ
(12:00-13:00)	ランチ
13:00-14:00	↕ ＊＊企画書作成
14:00-15:00	
15:00-16:00	
16:00-17:00	↕ 懇親会の出欠確認
17:00-18:00	↕ ＊＊社へメール／自己評価
(残業時間)	
明日	デザインラフ提出 Web調査

（5）自己評価

　計画したことが、きちんとできたか、できなければ何が原因か、次にはもっとうまくやる方法はないかなど、仕事の見直しをする。

〈POINT〉

- ・何が課題なのかを特定する。
- ・「なぜ」を何回も繰り返すなど、課題を分解して掘り下げ、原因を突き止める。
- ・原因に対して改善策を立て、次回に役立てる。

● コミュニケーション（「指示の受け方」と「報告・連絡・相談」）

　組織は人の集まりであり、他のメンバーとのコミュニケーションなくして、仕事は進まない。コミュニケーションの質と量が仕事の成果を左右すると言っても過言ではない。コミュニケーションの中でもビジネスの基本である「指示の受け方」と「ホウレンソウ（報連相）」について解説する。

■指示の受け方

　上司を持つ人にとって、多くの仕事は上司からの指示で始まり、上司への報告で完了する。まずは、上司からの指示を正確・的確に受けとることが必要となる。

〈指示を受ける際のPOINT〉

- ・呼ばれたら、すぐに「ハイ」とはっきり返事をする。
- ・必ずメモを取る。
- ・最後まで聞き終えてから疑問点を質問する。
　　5W3Hで確認する。
　　早合点、自分勝手な判断をしない。
- ・復唱、確認する。
　　目的、期限、アウトプットイメージ、数字、固有名詞など。
　　複数の業務が重なっている場合は、優先順位も確認する。
- ・明確にならなければ、わかるまで確認する。

■ホウレンソウ（報連相）

　ホウレンソウ（報連相）とは、ホウ＝「報告」レン＝「連絡」ソウ＝「相談」を指す略称である。ホウレンソウ（報連相）は仕事をスムーズ

に進めるためのコミュニケーションであり、ビジネス社会におけるもっとも基本的な「情報共有」の手段だと言える。

報告	仕事の経過や結果を、上司を中心とする関係者に知らせること。命令・指示・依頼などをされたものについての結果報告と、必要と考えたことを都度、自発的に報告するものがある。
連絡	簡単な事実関係を関係者に知らせ、情報を共有すること。
相談	自分が判断に迷うような場合に、上司やメンバーに参考意見やアドバイスを求めること。また、指示について十分な理解ができなかった場合などに、方向性などを確認すること。

〈ホウレンソウ（報連相）のPOINT〉

- **状況を把握する。**
  ホウレンソウ（報連相）すべき相手は誰かを判断し、その人は聞く状態かを見極める。
  緊急性、重要性を判断する。緊急事態は、時と場所は選ばない。
  タイミング、場所、状況を見極める。
- **対面、電話、文書（メモ）、メールなど、手段を選択する。**
  緊急事態は、まずは電話などで直接知らせる。
  数字や期限など、記録に残したいものは文書・メールにする。
  伝言は口頭ではなくメモに残す。
- **簡潔に伝える。**
  事実と所感を分けて話す。
  結論→理由→経過とつなげて話す。
  箇条書き、時系列など、見やすさ・読みやすさに配慮する。

〈報告の仕方〉
- 報告の前にポイントを整理する。
- 聞かれる前に指示した人へ報告する。
- 相手の都合を聞く。「今、お時間よろしいでしょうか」など。
- 何についての報告なのかを明確にする。
  （例）「〜の件についてですが」
- 結論や結果を述べる。
- まずは、自分の意見や憶測を交えずに事実だけを簡潔に伝える。
- 最後に、自分の意見を簡潔に述べる。

〈連絡の仕方〉
・できるだけ早い段階で連絡する。
・憶測などを交えず、事実を正確に伝える。
・込み入った内容は、要点を口頭で伝え、あらためて書面（メールや
　ファックスなど）を送付する。
・機密事項は、本人が不在の場合でも、伝言はしない。

〈相談の仕方〉
・自分が何を相談したいのか、ポイントを明確にする。
・相手の都合を確認する。
　　（例）
　　「～についてご相談したいのですが、今よろしいでしょうか」
　　「○分程お時間をいただけますか」
・状況を事実に基づき具体的に説明する。
・自分の意見（解決策・対応策など）をはっきり述べ、その上で相手の
　意見やアドバイスを求める。
・相談したことに関して、結果を必ず報告する。

10-2 ビジネスマナー

● ビジネスマナーを理解し、実践する必要性

　マナーとは、行儀・作法のことである。人が社会生活においてよい人間関係を築くための、暗黙のルールである。その本質は、「他者を気遣う心」である。つまり、他者を気遣う「心」を所作として「形」に表したものがマナーであり、マナーは信頼・信用を築くための礎である。

　ビジネスマナーは、既にビジネス社会に身をおく者の中で常識化し、習慣化されている最低限のルールである。ビジネスマナーが実践できない者は、他にどんなに知識があっても、ビジネス社会で受け入れられることが難しい。よって、ビジネス社会に入ろうとするすべての人材は、まずビジネスマナーを理解し、実践する必要がある。

● ビジネスマナーの基本

　ビジネスマナーの善し悪しは、関わった相手が決める。どんなに自分がよかれと思っていても、相手が不快と感じたなら、悪いビジネスマナーだと評価される。ビジネスは、人とのコミュニケーションによって成り立っている。よって、関わる相手がいったん悪い印象を持ってしまうと、ビジネスがスムーズに進まなくなる。

　たとえ、言葉が巧みであっても、その人の表情、身だしなみ、振る舞いなどが、相手にとって不快であれば、全体の印象が悪くなってしまう。

　印象を左右する要素を2つの目的に分けて、ビジネスマナーの基本を解説する。

・相手が好感を抱くため：「表情」「身だしなみ」「挨拶」「振る舞い」
・相手が望む立場を尊重するため：「敬語」「言葉遣い」「席次」

● 相手が好感を抱くためのビジネスマナー

■表情

　対面でコミュニケーションをする際には、何気ない表情が相手に不快感を与えることで、コミュニケーションの足を引っ張ることもあるため、注意が必要である。

　例えば、連絡事項があって声をかけようと思っていた同じ会社のメンバーが「しかめっ面」をしていたら、恐くて声をかけることをやめてし

まうだろう。こうしたことが重なると、「仕事をするうえでコミュニケーションが取りにくい人」というレッテルを貼られてしまう。

　相手に好感を持ってもらうための基本の表情は「笑顔」である。会話をするときは「五分咲き」の笑顔で応対するなど、状況にあった表情づくりも心がける。下記に示した表情の心得を理解したうえで、日頃から表情を意識する。鏡の前で「笑顔」の練習をするといった努力も必要である。

〈表情のポイント〉
・心…感謝の気持ちなど、伝えたい気持ちを持つ。
・目…目をしっかり開く、目尻を少し下げるなど目元を意識する。
・口…唇の両端の口角を少し上げる。

鏡の前で、笑顔の練習をしよう
三分咲きの笑顔、次に五分咲きの笑顔の順番で笑顔を鏡の前で練習しよう!

■**身だしなみ**
　実店舗と異なり、ネットショップではお客様と対面することがないため、身だしなみには気を使う必要がないと思いがちだが、それは大きな勘違いである。ネットショップであっても、取引先と会って商談をしたり、他店と情報交換をしたりするなど、人と接する機会は意外に多い。それゆえ、身だしなみにも、十分配慮しなければならない。

　身だしなみとは、相手に不快感を与えないためのものである。決して、自分がおしゃれを楽しむためのものではない。チェック表を活用して身だしなみを毎日チェックするなどの努力も必要だ。

〈身だしなみのポイント〉
・**清潔感**…服装や髪型など、清潔感を与える身だしなみ
・**機能性**…仕事がしやすく、安全性を考えた身だしなみ
・**健康的**…明るく健康的な身だしなみ
・**品格**……企業のイメージに適した品格のある身だしなみ
・**控えめ**…個性を強調しすぎず控えめな身だしなみ

〈身だしなみのチェック表〉

男性編

項目			チェックポイント
服装	髪		きちんとカットしていて、整髪してあるか？
			寝癖はないか？
			フケはないか？
			極端な色に染めていないか？
	顔		ヒゲの剃り残しはないか？
			鼻毛は見えていないか？
			目やにはついていないか？
			きちんと歯磨きをして、口臭がないか？
	手・爪		手や爪は汚れていないか？
			爪は切りそろえられているか？
	スーツジャケットズボン		上着のボタンがとれかかっていないか？
			ポケットが膨らむほど、物をつめこんでいないか？
			体型に合ったサイズか？
			よくプレスされているか？
			汚れ、シミ、ほころびはないか？
			肩にフケがついていないか？
			ベルトの色は適当で服装と合っているか？（黒か落ち着いた茶）
	シャツ		色は白、または薄めの色か？
			襟、袖口は汚れていないか？
			よくプレスされているか？
			ボタンはとれていないか？
	ネクタイ		結び目は緩まず、しっかり締められているか？
			曲がっていないか？
			長さは適当か？（ベルトの下に、ネクタイの▽の部分が出るくらい）
			汚れ、シミ、ほころびはないか？
	靴下		服装にあった素材・色か？
			薄くなったり、穴があいていないか？
			足首のゴムが緩んだり、ずり落ちたりしていないか？
			毎日取り替えて、清潔にしているか？
	靴		服装にあった素材・色・デザインか？
			手入れが行き届いて磨かれているか？
			かかとがすりへっていないか？
	鞄		型くずれしていないか？
			汚れ、シミ、ほころびはないか？
			荷物の量に対して適当な大きさか？（詰めすぎない）
			ビジネスに適した色・デザインか？
	その他		腕時計はデザインが適当で、高価すぎないか？
			名刺入れは適当な素材・色・デザインか？
			ハンカチは清潔でプレスされているか？
			メガネの色やフレームはビジネスに合っているか？

女性編

項目		チェックポイント
髪		髪型は清潔感があるか？
		前髪が目にかかっていないか？
		寝癖・乱れはないか？
		フケはないか？
		ヘアアクセサリーは華美でないか？
		極端な色に染めていないか？
顔・化粧		口紅、アイシャドウの色は適当で、健康的か？
		化粧くずれしていないか？
		目やにはついていないか？
		きちんと歯磨きをし、口臭がないか？
手・爪		手や爪は汚れていないか？
		爪は切りそろえられて、手入れされているか？
		マニキュアの色は適当で、はげたりしていないか？
服装	スーツ ジャケット スカート パンツ	上着のボタンがとれかかっていないか？
		ポケットが膨らむほど、物をつめこんでいないか？
		体型に合ったサイズか？
		よくプレスされているか？
		汚れ、シミ、ほころびはないか？
		肩にフケがついていないか？
		スカートやパンツの丈は適当か？ （膝下ぐらい、座った時に腿が見えすぎない）
	ブラウス （インナー）	色、素材はスーツとバランスがとれているか？
		襟、袖口は汚れていないか？
		よくプレスされているか？
		胸元が開きすぎていないか？
		ボタンはとれていないか？
靴下・ ストッキング		服装にあった自然な色か？
		伝線していないか？
		予備を用意しているか？
靴		ビジネスに適した素材、色、デザインか？
		手入れが行き届いて磨かれているか？
		ヒールの高さは適当（3〜5センチ程度）か？
		ヒールがすりへっていないか？
鞄		型くずれしていないか？
		汚れ、シミ、ほころびはないか？
		荷物の量に対して適当な大きさか？（詰めすぎない）
		ビジネスに適した色、デザインか？
その他		アクセサリーは、邪魔になったり目立つ物をつけていないか？
		腕時計はデザインが適当で、高価すぎないか？
		名刺入れは、適当な素材、色・デザインか？
		香水をつけ過ぎていないか？
		メガネの色やフレームはビジネスに合っているか？

■挨拶

　挨拶は、円滑なコミュニケーションの礎となるマナーである。ビジネスでは、多くの人に出会って仕事を進めていくことになる。適切な挨拶は、良好な関係を築くキッカケとなる。一方で、不適切な挨拶や挨拶をしない行為は、人間関係を悪くしてしまう。

　場面に応じた適切な挨拶を身につけ、自ら率先して挨拶をすることが重要である。

〈挨拶の心得〉

・すべての人に
・すべての機会に
・自分から先に
・相手に伝わる声で
・相手を見ながら
・気持ちを込めて
・笑顔を添えて

〈挨拶の基本パターン〉

シーン	挨拶
出社したとき	おはようございます（午前11時まで）
お客様が来社されたとき	いらっしゃいませ
お礼を言うとき	ありがとうございました
注意を受けたとき	申し訳ございません
話しかけるとき	失礼いたします。今、よろしいでしょうか
返事をするとき	はい
用事を引き受けたとき	はい、かしこまりました
	はい、承知いたしました
お待たせするとき	少々お待ち下さい（ませ）
お待たせしたとき	お待たせいたしました
外出するとき	行って参ります
外出から戻ったとき	ただいま戻り（帰り）ました
外出する人に	いってらっしゃい
帰って来た人に	お帰りなさい
	お疲れ様でした
退社するとき	お先に失礼いたします
退社する人に	お疲れ様でした

■振る舞い

　振る舞いも相手の印象に大きな影響を与える。好感を持たれる振る舞いについて解説する。

（1）姿勢

　だらしない立ち姿勢、座り姿勢をしていると、相手は仕事の内容もだらしない人だと思い込んでしまう。好感を持たれる姿勢のポイントを押

さえ、いつも良い姿勢でいられるよう努力する。

〈姿勢のポイント〉

立ち姿勢
- ●背筋を伸ばす
- ●天井から一本の糸で繋がっているようなイメージ
- ●あごを軽く引く
- ●肩の力を抜く
- ●腕は自然に下げる
- ●手は指先を揃え脇につける
- ●かかとをつけ、つま先を少し開く
  男性：45°〜60°
  女性：15°〜30°

座り姿勢
- ●腰を少し後ろに引く気持ちで背筋を伸ばす
  〈男性〉
  ひざはこぶし1つ分開き、足も開く
  手は軽く握り、ひざの上に置く
  〈女性〉
  両ひざを閉じ、足は揃える
  手はひざの上で重ねて置く

(2) お辞儀

　お辞儀は相手に敬意を表す動作である。お辞儀の角度などにより、相手に伝わる印象が変わる。お辞儀は角度により3つの種類がある。状況によって3種類のお辞儀を使い分けるとともに、お辞儀のポイントを押さえて、伝えたい気持ちをお辞儀という動作で表現する。

〈お辞儀の種類〉
- ・**会釈**：上半身を約15度に傾ける。主に社内でのお礼、人とすれ違うときに使う。
- ・**敬礼**：上半身を約30度に傾ける。対外的なお礼、日常の挨拶、お客様のお迎えのときに使う。
- ・**最敬礼**：上半身を約45度に傾ける。冠婚葬祭のとき、お詫びやお礼、お客様のお見送りのときに使う。

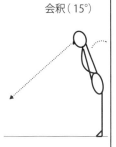

会釈（15°）
視線：足元から2m先

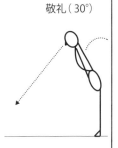

敬礼（30°）
視線：足元から1.5m先

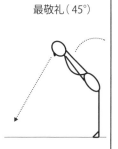

最敬礼（45°）
視線：足元から1m先

〈お辞儀のポイント〉
・背筋を伸ばし、足を揃えて、腰から上体を倒す。
・頭を上げるときは、下げるときよりもゆっくり上げる。
・お辞儀の初めと最後はアイコンタクトをする。

（3）名刺交換

　日本のビジネス社会では、挨拶と同時に名刺交換をするケースが多い。その際の名刺の扱い方や名刺の受け渡し方にもマナーがある。ここでは、最低限の名刺交換のポイントを押さえる。

〈名刺の準備〉
・名刺は名刺入れにいれて、男性の場合は、背広の内ポケットに入れる。ズボンのポケットには入れない。女性は鞄の中に入れる。
・名刺入れの色は、黒色か紺色など、どの階層の方が見ても安心・信頼に繋がる落ち着いた色を選ぶ。また、デザインはシンプルなものが望ましい。手帳、財布、定期入れとの併用は避ける。
・汚れた名刺、傷んだ名刺は使わず、新しい名刺と入れ替える。
・名刺をきらさないように枚数のチェックをする。

〈名刺の受け渡し方〉
・原則、訪問した方から先に差し出す。
・必ず立って、対面にて相手に渡す。テーブル越しの受け渡しはしない。ただし、場所が狭いなど、移動ができずテーブル越しになってしまう場合は断りを入れてから受け渡しする。
・名刺を差し出す際は、両手で差し出す。
・相手の視点で読むことのできる方向にして、自分の名刺を差し出す。
・社名、名前を名乗りながら自分の名刺を差し出す。
・まず自分の名刺を受け取ってもらい、その後に相手の名刺を受け取る。
・同時に交換する場合は、右手で渡し左手の名刺入れをお盆代わりにして受けとる。
・社名などを指で隠さない。
・受け取る際は、「頂戴いたします」と言い添え、相手の名前を確認する。
・名刺は胸の高さより上でキープし、敬意を表す。
・相手の前で、名刺に書き込んだり、名刺を折ったりせず、大切に扱う。

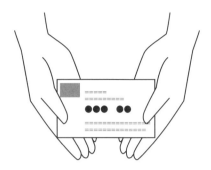

（4）その他の振る舞い

〈歩き方のポイント〉
・背筋を伸ばす。
・肩を振らず水平にする。
・靴（かかと）をすらないように颯爽と歩く。

〈物品を手渡しする際のポイント〉
・物品は両手で持ち、相手の方向に向けて、胸の高さで渡す。
・笑顔で、視線を合わせ、一言添えて、気持ちも添えるつもりで渡す。

● 相手が望む立場を尊重するためのビジネスマナー

■敬語

　ビジネス社会では、責任・権限を役職で表すなど、人の上下関係を明確にし、円滑なコミュニケーションを図るようにしている。その上下関係を表現するための言葉が敬語である。相手の立場や状況に合わせて、適切な敬語を使い分ける必要がある。

〈敬語の種類〉
・**尊敬語**…「相手の行為や状態」を高めて表現することで、直接的に敬意を表す。
・**謙譲語**…「自分や自社内の者の行為や状態」をへりくだることで、間接的に敬意を表す。
・**丁寧語**…対等な立場の場合に、丁寧な言葉で表現をすることで敬意を表す。

〈基本パターンとよく使う言葉〉

用語		尊敬語	謙譲語	丁寧語
基本パターン		「お〜になる」 「ご〜になる」 「れる」「られる」 「なさる」その他	「お〜する」 「ご〜する」 その他、へりくだる	語尾に 「ございます」 「です」「ます」 を付ける
よく使う言葉	言う	おっしゃる 言われる	申す 申し上げる	言います
	聞く	お聞きになる 聞かれる	うかがう 承る	聞きます
	見る	ご覧になる 見られる	拝見する	見ます
	する	なさる される	いたす させていただく	します
	行く	いらっしゃる 行かれる	うかがう 参る	行きます
	来る	お見えになる お越しになる	参る	来ます
	いる	いらっしゃる	おる おります	います
	知る	ご存じ お知りになる	存じております	知っている
	会う	お会いになる 会われる	お目にかかる	会います
	もらう	お納めになる	いただく 頂戴する	もらいます
	食べる	召し上がる	いただく 頂戴する	食べます

　敬語の使い方で間違いが多いのが、「尊敬語」と「謙譲語」の取り違えである。話している「相手」が誰なのか、会話に出てくる「話題の人」が誰なのかによって、適切な敬語を判断する。

話題の人 ＼ 相手		社外	社内	
			上司	同僚・部下
社外		尊敬語	尊敬語	尊敬語
社内	上司	謙譲語	尊敬語	尊敬語
	同僚・部下	謙譲語	謙譲語	丁寧語

例えば「話題の人」である上司が「席にいる」場合、
・「相手」が社外の場合、「席におります（謙譲語）」
・「相手」が社内の場合、「席にいらっしゃいます（尊敬語）」

　呼称においても、自分側のことを示す場合は謙譲語、相手側のことを示す場合は尊敬語、と使い分ける。

〈呼称の使い分け〉

呼称	自分側	相手側
わたし	わたくし	そちら様、みなさま方
会社	当社、弊社、私どもの会社	御社、貴社、そちら様
自宅	拙宅（せったく）	お住まい
役職	課長、課長の○○	○○課長、課長の○○様
同行者	同行の者	お連れ様、ご同行の方
贈り物	寸志、粗品	お品物、ご厚志、結構なお品
授受	拝受、受領	ご笑納、お納め
家族	家族一同、家のもの、私ども	ご家族の皆さま、ご一同様
夫	夫、主人	ご主人（様）、だんな様
妻	妻、家内	奥様
息子	息子、長男の○○	ご子息、息子さん
娘	娘、長女の○○	お嬢様、娘さん

■言葉づかい

　ビジネス社会では、よく使われて習慣化している言葉づかいがある。

〈よく使う言葉づかい〉

通常の言い方	ビジネスでの言い回し
すみませんが	恐れ入りますが
どうですか	いかがでしょうか
わかりました	かしこまりました
いません	席を外しております
すみません	申し訳ございません
どなたですか	どちら様でしょうか
何の用ですか	どのようなご用件でしょうか
待ってください	少々お待ちください
今、来ます	ただいま参ります
あとで、さっき	後ほど、先ほど
あっち、こっち、そっち	あちら、こちら、そちら

■席次

　敬語と同様に、人の上下関係を席の位置で表すのが席次である。相手の立場や状況に合わせて適切な席に案内できるようにする。

〈席次のルール〉
・会議室の席次
　中央奥の全員を見渡せる席が最上位者の席（議長席）
　出入口から遠い方が上座、出入口に近いほど下座
　議長の右手が上位、次の人は議長の左手の席という順序

来客者は上位である議長の右手側の席（図では1、3、5の位置）

・**応接室での席次**

出入口から遠い席が上座

窓から景色が良く見えたり、装飾品が鑑賞できる席が上座

肘掛椅子よりもソファーの方が上座

・**エレベーター**

出入口から遠い方が上座、出入口から近い方が下座

出入口から見て左奥が上座、操作盤の前が下座

〈**席次の例**〉

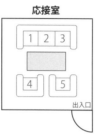

※数字が小さい方が上座

● よくあるビジネスシーン

よくあるビジネスシーンである「電話応対」「訪問の仕方」について解説する。

■電話応対

電話によるコミュニケーション機会は多いため、電話応対の良し悪しは、会社のイメージを大きく左右する。電話コミュニケーションの特性を理解したうえで、電話対応のポイントを押さえた行動をとる。

〈**電話の特性**〉

・姿が見えない、声だけのコミュニケーションである。

・話している最中は、情報伝達が一方的で相手の状況がわからない。

・記録に残らない。

・時間とともに通話料金が加算される。

〈**電話対応のポイント**〉

・**迅速な対応**

呼び出し音は3回鳴るまでに出る。

（3回を超えたときは「お待たせいたしました」の一言を添える）

電話を保留するなど、相手をお待たせする際の時間は、30秒以内を

目安にする。

（相手を待たせるときは「少々お待ちください」とお断りして保留ボタンを押す）

（戻ったときは「大変お待たせいたしました」と挨拶してから要件に入る）

・**正確なコミュニケーション**

必ず復唱し、メモを取る。

まぎらわしい言葉や間違えやすい数字や英字、固有名詞、専門用語は、特に注意する。

・**簡潔な内容**

電話をかける前にあらかじめ話す内容を組み立てておく。

まずは結論を述べ、必要に応じて理由・詳細・経緯といった内容を述べる。

・**丁寧な対応**

電話の第一声はハキハキと明るく感じよく出る。

受話器は静かに置く。

・**責任ある態度**

自分の担当外の内容でも、会社の代表として誠意をもって応対する。

それではここから具体的に電話の応対を「受け方」「かけ方」にわけ、それぞれの応対方法を学んでいく。

〈電話の受け方〉

　名指し人が在席の場合

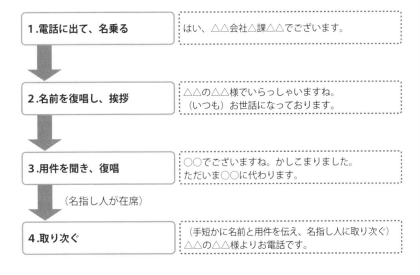

| 1.電話に出て、名乗る | はい、△△会社△課△△でございます。 |

| 2.名前を復唱し、挨拶 | △△の△△様でいらっしゃいますね。
（いつも）お世話になっております。 |

| 3.用件を聞き、復唱 | ○○でございますね。かしこまりました。
ただいま○○に代わります。 |

（名指し人が在席）

| 4.取り次ぐ | （手短かに名前と用件を伝え、名指し人に取り次ぐ）
△△の△△様よりお電話です。 |

（名指し人）

△△様、お待たせ致しました。○○でございます。
いつもお世話になっております。

名指し人が不在の場合

| **1.電話に出て、名乗る** | はい、△△会社△課△△でございます。 |

↓

| **2.名前を復唱し、挨拶** | △△の△△様でいらっしゃいますね。
（いつも）お世話になっております。 |

↓

| **3.用件を聞き、復唱** | ○○でございますね。かしこまりました。少々お待ちくださいませ。 |

↓

（名指し人が不在）

| ●相手の意向を尋ねる
●あらためて電話をもらう
●折り返し、電話をさせる
●戻り次第、電話をさせる
●伝言を承る | 【手順】
①謝罪（申し訳ございません。あいにく～など）
②理由（外出中・会議中・出張中・休暇中・電話中など）
③予定
④代案

①申し訳ございません。あいにく～
②○○は、ただいま席を外しております。
③すぐ（何時頃に）戻る予定ですが
④いかがいたしましょうか。
　・お手数かけますが、あらためてご連絡いただけないでしょうか。
　・戻り次第、こちらからお電話させていただきますが、いかがいたしましょうか。
　・私、○○と申しますが、よろしければ代わりにご用件をお伺いいたしましょうか。
　・よろしければご伝言を承りましょうか。　など |

↓

| **4.確認のため、もう一度名乗る** | ・はい、かしこまりました。恐れ入りますが、念のためお電話番号をお願いいたします。
・はい、□□□□-□□□□番の△△様でいらっしゃいますね。
・○○が戻りましたら（必ず）申し伝えます。私、□□が承りました。　など |

↓

| **5.挨拶** | ・それではよろしくお願いいたします。
・失礼いたします。
・お忙しいところありがとうございました。　など |

↓

| **6.丁寧に切る** |

〈電話のかけ方〉

　かける前に準備をする。資料などを揃え、相手に伝える内容を整理整頓する。電話をかけるタイミングとしては、相手の都合のよい時間帯を選ぶ。基本的には、始業時刻や昼食時、退社時刻の前後は避ける。

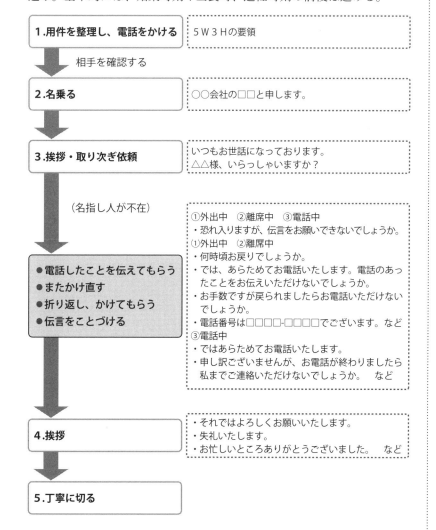

5W3H
230ページ参照

〈携帯電話に関するマナー〉

・携帯電話の番号は、むやみに社外の人に教えない。ただし、会社から支給された業務専用の携帯電話の場合は、会社の規定に従う。
・客先訪問中は、電源をOFFにするか、マナーモードに設定する。
・携帯電話を使って出先から電話をかける場合は、静かな場所を選ぶ。
・込み入った商談や金額交渉など、機密性の高いやりとりは携帯電話では行わない。
・携帯電話に電話をかけた場合は、「今よろしいですか」と、相手の状況確認をしてから用件に入る。

10-3 | 文章の書き方

● 良い文章を書くためのチェック項目

　良い文章を書くコツは、書く前に「読み手は誰か」「目的は何か」「読み手は何を期待しているか」をイメージしたうえで、以下のチェック項目を確認しながら書くことである。そして、書き終えたら読み返し、必ず見直す。

■文章
・誤字、脱字、変換ミスがないか。
・文体が統一されているか。
・一文が長すぎないか。
・主語が明確か。
・主語と述語がきちんと対応しているか。
・主語と述語が離れすぎていないか。
・修飾語がなにを修飾したいのか明確になっているか。

■構造、レイアウト
・件名を見て内容がわかるか。
・結論が先に書かれているか。
・5W3Hを押さえてあるか。
・段落分けされているか。
・箇条書きなどを使用して見やすくなっているか。
・図表などを使用してわかりやすくなっているか。
・ページ番号が入っているか。

5W3H
230ページ参照

■内容
・本当に伝えたいこと、伝えるべきことが明確に書かれているか。
・タイトル（件名）と内容が一致しているか。
・内容が首尾一貫しているか。
・データ、固有名詞に間違いはないか。

■語句の使用法
・語句、単位、送り仮名は統一されているか。
・専門用語、略語など、難解な言葉を羅列していないか。
・漢字、ひらがな、カタカナのバランスはとれているか。
・敬語の使い方を間違っていないか。

・句読点や符号をきちんと使えているか。
・不適切な口語表現を使っていないか。
・頭語と結語の組み合わせが間違っていないか。

● 電子メール

　電子メールでは、基本的な文章の書き方を押さえつつ、電子メールの特性や習慣を理解しておく必要がある。この点を解説する。

〈電子メールの特性〉

・**個人にダイレクトに届く。**
　　特定の相手に瞬時にメッセージを伝えることができる。

・**時間的な拘束がない。**
　　発信者は気軽にいつでも送信できるし、受け取った相手も都合のよいときに見ることができる。

・**複数同報、再送、転送が容易である。**

・**ある程度高度な内容も送信が可能である。**
　　写真や文書、イラストなどのデータを添付して一緒に送ることができる。

・**送信内容を正確に残すことができる。**
　　伝達の記録や証拠となる。

・**文字によるコミュニケーションである。**
　　感情がうまく伝わらないことがある。

〈電子メールの基本構成〉

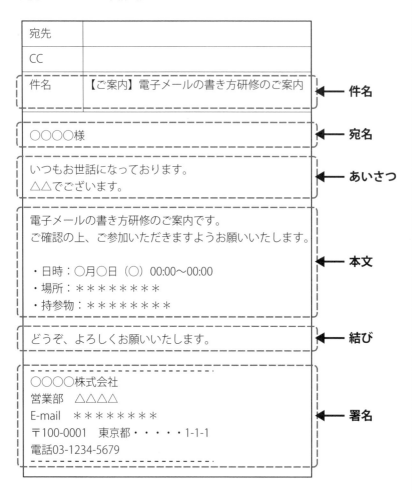

宛先	
CC	
件名	【ご案内】電子メールの書き方研修のご案内

件名

○○○○様

宛名

いつもお世話になっております。
△△でございます。

あいさつ

電子メールの書き方研修のご案内です。
ご確認の上、ご参加いただきますようお願いいたします。

・日時：○月○日（○）00:00〜00:00
・場所：＊＊＊＊＊＊＊＊
・持参物：＊＊＊＊＊＊＊＊

本文

どうぞ、よろしくお願いいたします。

結び

○○○○株式会社
営業部　△△△△
E-mail　＊＊＊＊＊＊＊＊
〒100-0001　東京都・・・・・1-1-1
電話03-1234-5679

署名

〈電子メールの基本ポイント〉

・件名は、本文の内容を想像できるように、具体的に簡潔に書く。
・返信メールの件名は変えない。
・内容が変われば件名も変更する。
・内容は簡潔に、文章は短く、結論から先に書く。
・文章の区切りで改行し、1行は全角30文字〜35文字以内。
・段落の始めを1字下げにする必要はない。
・5行以内を目処に、1行の空行を挿入する。
・文字化けのリスクがある場合、特殊文字や半角カタカナ、文字装飾（HTML）は使わないようにする。
・顔文字は使用厳禁。
・1つのメールで1つの用件にする。
・文末に「署名」を入れる。

電子メールの基本ポイント
メールマガジンについては199ページ参照。
メールマガジンの場合は、一般のビジネスメールよりも見やすくしないと、読者に読んでもらえないため、より余白を多くする傾向がある。そのため、メールマガジンの方が1行の文字数は少なめで、行を空けることが多くなる。

機種依存文字
200ページ「メルマガの表記で注意すること」参照。

10章
社会人としての基礎知識

10-4 ┃ 情報収集

● 情報収集の目的とステップ

　情報収集のみならず、明確な目的を持って仕事に取り組むことは重要なことである。情報収集の目的は、以下の5つにまとめられる。

（1）成果物の材料
　成果物とは企画書、報告書などを指す。これらを作成するのに必要な材料として情報が必要になることがある。

（2）仮説を立てるための材料
　仮説とは、真実がわからない場合の仮の答えである。ビジネスの現場では真実を明確に把握することは困難なため、常に仮説を立て行動することが求められる。

（3）仮説の検証
　仮説は、その仮説に従って計画、実行したうえで、検証をしてこそ意味がある。よって、立てた仮説は常に検証する必要がある。

（4）変化のトリガー
　変化のトリガーとは、その後に起こる変化の予兆や、その後に起こる事象の条件を指す。

（5）ノウハウの発見、吸収
　プロとして業務を遂行するためには、常に自分のノウハウを進化させる必要がある。

　情報収集とは、単に「収集」するだけで終わりではない。活用してこそ意味がある。活用できる情報にするまでのステップは次のとおりである。

成果物の材料
あるエリアの人口動態という情報を収集して、そのエリアの市場予測の報告書を作成するようなケースがあてはまる。

仮説を立てる
サイトのアクセス解析等から、顧客の行動理由を考えるようなケースを指す。新しいサービスなどの普及動向から、半年後の市場予測を立てるようなケースもあてはまる。

仮説の検証
仮説とした顧客の行動理由に対してサイト上で施策を実行したら、結果的に有効に働いたのか？という検証情報が必要である。新しいサービスなどの普及動向から予測した売れ行きは結局正しかったのか、といった検証情報も必要となる。

変化のトリガー
将来の予測として「○○サービスの普及率が＊＊％を超えたら＋＋という新しいサービスがビジネスとして成り立つ」と考えた場合、○○サービスの普及率を定期的にチェックし、＊＊％を超えるタイミングで事業をスタートさせる、というようなケースである。大統領が＊＊になったら＋＋となるとか、政権が＊＊党になったらとか、法案が成立したらというようなケースも同様だ。

ノウハウの発見、吸収
よりレベルが高い人のブログや書籍からノウハウを学んだり、他の領域のプロフェッショナルからヒントを得たり、活用可能なフレームワークを探したりするケースがあてはまる。

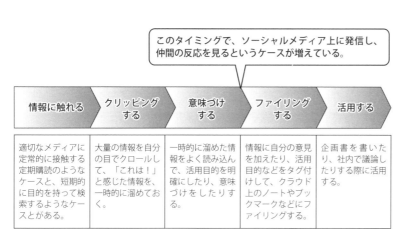

このタイミングで、ソーシャルメディア上に発信し、仲間の反応を見るというケースが増えている。

情報に触れる	クリッピングする	意味づけする	ファイリングする	活用する
適切なメディアに定常的に接触する定期購読のようなケースと、短期的に目的を持って検索するようなケースとがある。	大量の情報を自分の目でクロールして、「これは！」と感じた情報を、一時的に溜めておく。	一時的に溜めた情報をよく読み込んで、活用目的を明確にしたり、意味づけをしたりする。	情報に自分の意見を加えたり、活用目的などをタグ付けして、クラウド上のノートやブックマークなどにファイリングする。	企画書を書いたり、社内で議論したりする際に活用する。

● 目的を持った情報収集（検索）

代表的な検索エンジンGoogleのビジネス活用について解説する。

■基本的な使い方
基本的な機能については、Googleのサイトを参照してほしい。

■画像検索
概念図やグラフ、商品や建物の写真、人物などを探したいときには有効である。

■地図検索
純粋に場所を検索するだけでなく、ストリートビューで周辺の様子を画像で確認したり、経路を調べたり、周辺の施設を検索したりできる。

■ニュース検索
業界のニュースや業界団体、業界企業に関するニュースを探すときに有効である。

■ブログ検索
ニュース検索で目的の情報が見つからない場合は、ブログ検索を使用して、ジャーナリストによる発信情報やセグメントされた専門ブログを参照する。

■その他のテクニック
・市場規模や売上高など「数字」を探すときは、単位（億円など）を入れて検索する。
・国内の公式な情報が欲しい場合は、行政機関のドメイン「go.jp」を入れて検索する。
・特定のサイト内で検索したい場合は、検索キーワードの後に「site: ＊＊」でサイトを指定する。
・この瞬間の動向を知りたい場面もある。その場合はYahoo!リアルタイムを使用して、X（旧Twitter）などを検索する。

● 定常的な情報収集（RSS（フィード）購読）

定常的な更新情報の収集には、サイトが発信するフィード情報を収集して読むのがよい。代表的なフィードにRSSがある。読む対象としては、
・ニュースサイト、専門ブログなどの情報サイト
・専門家、信頼できる知人などのソーシャルブックマーク

・重要な人物のX（旧Twitter）やFacebookページ
などが挙げられる。

　代表的なRSSリーダーとして、feedlyがある。

● クリッピングする

　RSSリーダーで取得した情報は、電車の中や待ち時間等のスキマ時間
に読むケースも多い。まずはタイトルだけを読んだり、本文を斜め読み
したりして、直感的に役立ちそうだ、という情報のみを後で読むために
クリッピングしておく。クリッピング（記事のWebページを保存）す
るには、EvernoteやNotionなどの情報整理ができるノートアプリ、
Webサービスを活用するとよい。

後で読むための主なツール
・Pocket
・Instapaper

Evernote
あらゆる情報を蓄積・管理する
Webサービスツール。情報のク
リッピングやブックマークなど。

● 意味づけする

　クリッピングした情報を、まとまった時間があるときにじっくり読ん
だら、その情報に関する自分の考えを付加する。

　感想でもよいし、賛成または反対や、その理由でもよい。その後の企
画に使えそうだったり、試してみたいノウハウだったりといった活用の
可能性がある事柄でもよい。その情報に起因して起こりそうな事象を想
像してみるのもよい。

● SNS（ソーシャル・ネットワーキング・サービス）で発信する

　入手した情報は、自分なりの意味づけをした後、SNSで発信してみる。
自分の仲間が反応するのか、しないのか。誰が反応するのか、どのよう
な反応をするのか。仲間の反応から得られる気づきもあるし、仲間には、
発信者の考え方を知ることができるという利点がある。普段からSNS上
で考え方を交換しておくことで、実際に会ったときのコミュニケーショ
ンがよりスムーズになる。

　活用したいと感じた情報は、SNSに発信するだけでなく、自分で検索
しやすいような「タグ」をつけてソーシャルブックマークなどに記録
し、時間が経っても引用できる調査データなどの事実情報は、後から見
つけやすいようにしておくとよい。

10-5 ┃ 調査

● 一般的な調査手法

調査手法は、定量情報（数字で報告できる情報）を集める調査と、定性情報を集める調査とに分けられる。主な手法は下記のとおり。

定量調査
訪問面接調査
訪問留置調査
郵送調査
会場調査（CLT）
電話調査
インターネット調査

定性調査
デプス・インタビュー（1対1）
フォーカス・グループ・インタビュー（FGI）
観察調査（ミステリーショッパー等）

定量調査では、アンケート項目という形で調査設計し、項目ごとに数段階に分けられた回答を集計して報告書を作成する。

定性調査では、専門家の質問等からコメントを聞き出し、その内容から報告書を作成する。報告書には回答内容のみならず、観察された様子も含まれる。

● 定量情報の扱い方

「分けて考える」

物事の全部を一体として捉えるのではなく、個々の要素に「分ける」ことにより、物事の本質を正しくつかむ方法。

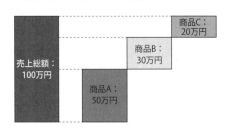

「比較して考える」

物事を単独で捉えるのではなく、他の事物と「比較する」ことにより、類似や差をつかむ方法。

比較観点	自社商品 商品区分	他社商品①	他社商品②
価格	100万円	50万円	80万円
商品寿命	1年	1年	1年
発売開始時期	20XX年	20XX年	20XX年

「時系列を考える」

物事を「時間を追って」考えることにより、物事の傾向を明らかにする方法。

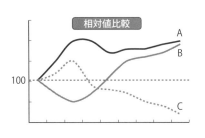

定量調査の項目名
「どのように」調査するのか、「何を使って」調査するのか、といった調査方法を表している。

訪問留置調査
対象者宅を調査員が訪問し、アンケート用紙を渡して、記入のお願いをする。アンケート用紙は後日、回収にうかがう。

会場調査（CLT）
CLTとは、Central Location Testの略称。対象者を会場に集めて行う定量調査のこと。

デプス・インタビュー
専門家があらゆる観点で踏み込んだインタビューをするもの。

フォーカス・グループ・インタビュー
選ばれたグループでの発言を参考にするもの。食品スーパーで定期的に顧客に集まってもらって意見をもらうのも一例。

観察調査
代表的なものがミステリーショッパー。客に扮した調査員が店舗を訪れ、サービスレベルチェックなどを行うケースが多い。

10章
社会人としての基礎知識

「大きさを考える」

　顧客の数／商品の数／売上げの金額／費用の金額等、数字で表すことができる物事の「大きさ」によるインパクトを考える方法。

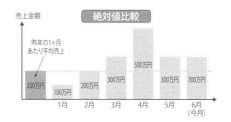

売上金額　｜　絶対値比較

昨年の1ヶ月あたり平均売上　200万円

100万円　200万円　300万円　500万円　300万円　300万円

1月　2月　3月　4月　5月　6月（今月）

● 定性情報の扱い方

・「事実」と「仮説」を分ける

　意見やコメントを扱うときは、その中にある「事実」と発言者による「仮説」を分けて考える必要がある。

・典型的なシーンを見つける

　定性情報を販促企画や商品企画に役立てるためには、典型的だと考えられるシーンを発見することに集中する。そのシーンに見られる問題点やニーズに対して解決策を提案する。

● 優良ショップの観察

　実際の業務でよく見られる調査が、優良ショップや競合ショップの観察である。観察して他店の良い点から学ぶのである。

　ただし、漠然と観察し、感じたことを真似ればよいのではない。以下のポイントを観察し、参考にする。

■ターゲット顧客と売りの把握

　観察しているショップのターゲット顧客について考察する。そのショップや企画の典型的な顧客について明確にする。

　そのターゲット顧客に対して、どのような「売り」をアピールポイントにしているかを参考にする。

ターゲット顧客
86ページ「ターゲットとなる顧客像の明確化」参照。

■サイト構造から学ぶ

　ターゲット顧客がサイトに来訪した後、購買に至るまでに、閲覧すると思われるページを順にイメージし、どのようなページが存在するかを漏れなく洗い出す。どのページからどのページへの動線がわかりやすくなっているかも観察して学ぶ。

■レイアウトから学ぶ

　前項にも関連するが、ユーザーは直感的にページを閲覧し、サイト内を遷移していく。どのようなコンテンツを、どこに配置しているかといっ

たレイアウトを観察して学ぶ。

■デザインから学ぶ（カラー、フォント）

売り、商材といった、伝えたいことを視覚で訴えるポイントとして、カラーデザインや文字フォントが挙げられる。これらがどのようなルールに従ってデザインされているかを観察して学ぶ。

■コンテンツから学ぶ

写真、キャッチコピー、説明文、動画などのコンテンツを観察し、それぞれについて工夫している点を考察する。自分がこのショップの担当者ならどうするか。同様の写真を撮るためにはどうすればよいかなどを検討する。

■サービスを体験する

サイトを見ただけでは、実際のサービスについて知ることが難しい。よって、実際に購入を体験してみることも有効だ。コミュニケーションのタイミング、コミュニケーションの内容、梱包状態や同梱物なども参考にする。

10-6 ｜ 会計

● 会計の必要性

　ネットショップの店員として働いていても、なかなか見えてこないのが「ショップの経営状況」だ。「店員だから別に知る必要はない」と思うかもしれないが、店員一人ひとりの努力がショップの売上げを作り上げているといえる。それだけに店員は「ショップの経営状況」を正確に把握し、どうしたら経営状況が良くなるのか考えていかなければならない。

　企業の経営状況は「財務諸表」で知ることができる。これを見れば企業の経営状況をつかむことができる。

　財務諸表には、大きく分けて3つある。損益計算書（P/L）、貸借対照表（B/S）、キャッシュフロー計算書（C/F）である。それぞれの役割は以下のとおりだ。

財務諸表（財務三表）

損益計算書 （P/L）	▶	●企業の「経営成績」を見る。 ●事業年度期間での損益の計算過程を 　明細表示した表。
貸借対照表 （B/S）	▶	●企業の「財政状態」を見る。 ●事業年度末における資本を財産目録として、 　資本の計算過程を明細表示した表。
キャッシュフロー 計算書（C/F）	▶	●企業の「現金の流れ」を見る。 ●事業年度期間での現金の流入出の計算過程を 　明細表示した表。

　このうち店員が読み方を理解しておくべき財務諸表は、企業の経営成績がわかる「損益計算書」である。企業の売上げがいくらで、仕入れや社員に支払う給料、企業の宣伝のためにいくら使い、結果としていくら儲かったが示される。

　損益計算書の基本パターンは以下のとおり。

損益計算書

売上高	10,000
売上原価	7,000
売上総利益	3,000
販売費および一般管理費	1,500
営業利益	1,500
営業外収益	100
営業外費用	200
経常利益	1,400
特別利益	300
特別損失	700
税引前当期利益	1,000
法人税等	400
当期利益	600

損益計算書を読み解くには、上に載っている5つの「○○利益」を理解することがポイントになる。

● 売上総利益

〈計算方法〉
売上総利益＝売上高－売上原価

売上総利益は通称「粗利益」とも呼ばれる。商品やサービスを売上げた金額から、売上原価を差し引いて求められる。「売上原価」とは、原材料仕入費、製品やサービスを生産するために直接的に利用された人件費等の加工費等「直接費」のこと。

売上総利益の健全性は、売上総利益率を計算し、他の企業や業界平均（業界相場）と比較して判断する。

売上総利益率（％）＝売上総利益÷売上高×100％

● 営業利益

〈計算方法〉
営業利益＝売上総利益－販売費および一般管理費

営業利益は、売上総利益から、販売費および一般管理費を差し引いて求められる。「販売費および一般管理費」とは、製品やサービスを販売

販売費および一般管理費
人件費（給料、賞与、退職金、法定福利費、福利厚生費）、広告宣伝費、交通費、通信費、水道光熱費、消耗品費等。

するためにかかる費用（広告費等）や企業を維持するために必要な費用
（経理部門の人件費や諸費用等）等、いわゆる「間接費」である。

　営業利益は本業による利益であり、経営を評価する際のもっとも重要
な指標の一つだ。また、営業利益の売上高に対する割合である「営業利
益率」を把握し、企業の本業での収益力を評価することもできる。

売上高営業利益率（%）＝営業利益÷売上高×100%

● 経常利益

〈計算方法〉
経常利益＝営業利益＋営業外収益－営業外費用

　経常利益は、営業利益に営業外収益を加え、営業外費用を差し引いて
求められる。経常利益は企業が平常の活動を行った結果の利益だ。

　「営業外収益」とは、受取利息や受取配当金等、企業が本業以外の活
動や事業で得た収入である。

　また、経常利益の売上高に対する割合である「経常利益率」を把握し、
企業の恒常的な収益力を評価することも多い。

売上高経常利益率（%）＝経常利益÷売上高×100%

● 税引前当期利益

〈計算方法〉
税引前当期利益＝経常利益＋特別利益－特別損失

　税引前当期利益は、経常利益に特別利益を加え、特別損失を差し引い
て求められる。「特別利益」とは、固定資産売却利益、子会社株式の売
却益等、当期限りの臨時の利益。「特別損失」とは、その逆。役員退職金、
火災等による損失も含まれる。

　税引前当期利益は、たまたまその会計期間に発生した臨時的な損失も
含めて掲載される利益だ。

● 当期利益

〈計算方法〉
当期利益＝税引前当期利益－法人税等

　当期利益は、税引前当期利益から法人税等の税金を差し引いて求めら
れる。

営業外収益
受取利息、受取配当金、受取地
代等。

営業外費用
支払利息、割引料等。

当期利益として計上された利益のみが、企業が自由に処分できるお金ということになる。

　ネットショップの店員になると「経費を抑えるように！」「もっと売上げアップを目指そう！」などと叱咤を受けることも多い。この損益計算書が読めれば、その叱咤の理由がわかってくる。店員である以上、ぜひ数字を読む力を付けていきたい。

参考

● 7-2「カラーデザイン」カラー図

https://acir.jp/dltext_color-html/

● 法規リスト、その他サービス等のリンク一覧

https://acir.jp/dltext_link-html/

索引

索引

索引

索引

索引

索引

索引

索引

Memo

Memo

【著者紹介】

一般財団法人ネットショップ能力認定機構

2010 年 4 月設立。消費者向け EC（ネットショップ）事業者と、そこで働きたい人材とを適切に結びつけることを目的に、ネットショップで勤務するために必要な能力を評価・認定する活動を推進する一般財団法人。教育機関への育成カリキュラム提供、教材提供等も積極的に実施し、職業人としてのネットショップ人材の育成を促進している。事業内容は以下のとおりである。

① ネットショップ実務士の評価および認定
② ネットショップ実務士の人材要件を定義し、改善するための調査研究
③ ネットショップ実務士を育成するためのカリキュラム開発および提供
④ ネットショップ実務士の能力向上に有効な教育の認定
⑤ ネットショップ実務士としての訓練を行うためのインターン実施
⑥ ネットショップ実務士の就業および能力向上に関する相談および指導
⑦ 上記事業に必要な出版物の刊行

【執 筆 者】

川添　隆　　（エバン合同会社　CEO）

志鎌　真奈美（Shikama.net　代表）

白石　紘一　（東京八丁堀法律事務所　弁護士）

杉浦　治　　（一般財団法人ネットショップ能力認定機構　理事）

【総 監 修】

森戸　裕一　（一般財団法人ネットショップ能力認定機構　理事）

改訂2版　ネットショップ検定　公式テキスト
ネットショップ実務士レベル1対応

2024 年 3 月 30 日　初版第 1 刷発行

著　　　者——一般財団法人ネットショップ能力認定機構
　　　　　　　©2024 Accreditation Council for Internet Retailer Ability
発 行 者——張　士洛
発 行 所——日本能率協会マネジメントセンター
〒 103-6009 東京都中央区日本橋 2-7-1 東京日本橋タワー
TEL　03（6362）4339（編集）／ 03（6362）4558（販売）
FAX　03（3272）8127（編集・販売）
https://www.jmam.co.jp/

装　丁————冨澤　崇（EBranch）
本文 DTP————株式会社森の印刷屋
印刷所————シナノ書籍印刷株式会社
製本所————株式会社三森製本所

本書の内容に関するお問い合わせは、2 ページにてご案内しております。

ISBN 978-4-8005-9199-9 C3055
落丁・乱丁はおとりかえします。
PRINTED IN JAPAN

ネットショップ検定公式テキスト
ネットショップ実務士レベル2対応

株式会社Eコマース戦略研究所 著
一般財団法人ネットショップ能力認定機構 認定
B5判　320頁

ネットショップ検定実施団体認定の公式テキスト。
ケーススタディが満載！
1冊でネットショップ運営時にすぐに使える実践的知識が学べる、
電子商取引の定番書。EC業界担当者必携の1冊です。

日本能率協会マネジメントセンター